수산물 품질관리사

2차 기출문제집

김봉호 지음

BM (주)도서출판 성안당

저자 약력

김봉호

전남대학교 졸업

현대고시학원, 한빛고시학원, 한국농식품직업전문학교 출강

강원도 도립 인재교육원 대학생 농업분야 자격증 특설반 출강

청주, 김제, 전주 농업기술센터 출강

전문 동영상 강좌(농산물품질관리사, 수산물품질관리사, 손해평가사)

(前) 해양수산부 전국 수산물시장 평가심사위원 위촉

저서

• 손해평가사 1차 한 권으로 합격하기

• 손해평가사 2차 한 권으로 합격하기

• 손해사정사(보험계약법, 손해사정이론)

• 손해평가사 실전모의고사

• 7급, 9급 공무원 시험 노동법

• 공인중개사(민법)

• 농산물품질관리사(법령, 유통론) 2차 실기 문제집

• 수산물품질관리사(법령, 수산일반) 1차 필기

머리말

수산물의 적절한 품질관리를 통하여 안정성을 확보하고, 상품성을 향상하며 공정하고, 투명한 거래를 유도하고자 도입된 수산물품질관리사 자격시험이 벌써 8년여의 역사에 이르게 되었습니다.

그동안 배출된 수산물품질관리사는 명실상부한 국가공인 전문가로서 수산물의 등급판정, 수산물의 생산 및 수확 후 품질관리 기술지도, 수산물의 출하 시기 조절, 수산물의 선별 저장 및 포장시설의 운영관리 등을 통하여 우리나라의 수산물의 상품성 향상 및 공정하고 투명한 거래질서 확립에 크게 기여해 오고 있습니다.

전문가로서의 자격을 취득하고자 준비하시는 분들에게는 어떻게 공부하는 것이 가장 효율적일까, 다시 말하면 투입하는 시간과 비용을 최소화하면서 확실하게 합격하는 방법은 어떤 것일까에 관심이 가장 클 것으로 생각됩니다. 저희 편저자는 다년간의 강의와 수험자 상담을 통해 수험자의 상기와 같은 물음에 답을 제시하고자 합니다.

수산물품질관리사 자격시험은 절대평가로서 2차 시험은 60점 이상이면 합격입니다. 꼭 100점에 가까운 높은 점수를 받아야 하는 것은 아닙니다. 따라서 효율성을 고려한다면 모든 내용을 공부하겠다는 욕심보다는 출제 가능성이 높은 내용을 집중적으로 반복 학습한다는 전략이 바람직합니다.

이 책은 수년간의 기출문제를 다루고 있습니다. 각 문제마다 "정답"뿐만 아니라 관련된 내용을 별도로 "해설"이라는 이름으로 추가 설명하고 있습니다. 자주 출제되는 내용은 그 내용에 대한 해설이 반복되도록 하였습니다. 출제된 문제가 응용 내지 변형되어 다시 출제된다고 하더라도 충분히 대응할 수 있습니다.

또한 수산물품질관리 관련법령이나 농수산물 품질관리 법령 등은 개정된 최신 내용을 기준으로 하였기 때문에 개정 전 내용으로 출제된 문제에 대해서는 개정된 내용에 의해 풀이하였습니다.

이 책을 통해 공부하는 것이 출제 가능성이 높은 내용을 집중적으로 반복 학습한다는 전략에 잘 부합된다고 생각합니다. 따라서 이 책 한권을 반복 학습하는 것이 가장 효율적으로 시험에 합격하는 지름길이라고 감히 말씀드립니다.

아무쪼록 합격의 영광을 획득하시길 바랍니다.

편저자 일동

▌**자 격 명:** 수산물품질관리사
▌**영 문 명:** Fishery Products Quality Manager
▌**소관부처:** 해양수산부(수출가공진흥과) (www.mof.go.kr)
▌**시행기관:** 한국산업인력공단(www.q-net.or.kr)

1 기본정보

[개요]
수산물의 적절한 품질관리를 통하여 안정성을 확보하고, 상품성을 향상하며 공정하고, 투명한 거래를 유도하기 위한 전문인력을 확보하려고 한다.

[변천과정]
• 2015년 4월 2일: 수산물품질관리사 자격시험 위탁 및 고시(해양수산부)
• 2015년~2016년: 제1회 수산물품질관리사 한국산업인력공단 시행

[수행직무]
• 수산물의 등급 판정
• 수산물의 생산 및 수확 후 품질관리기술 지도
• 수산물의 출하시기 조절 및 품질관리기술 지도
• 수산물의 선별 저장 및 포장시설 등의 운영관리

[통계자료(최근 5년)]

(단위: 명, %)

구분		2018	2019	2020	2021	2022
1차 시험	대상	2,722	1,633	996	906	627
	응시	1,264	873	734	619	447
	응시율	46.44	53.46	73.69	68.32	71.29
	합격	458	311	352	158	231
	합격률	36.23	35.62	47.96	25.52	51.68
2차 시험	대상	661	420	411	273	232
	응시	546	346	351	229	193
	응시율	82.60	82.38	85.40	83.88	83.19
	합격	134	67	48	79	53
	합격률	24.54	19.36	13.68	34.50	27.46

2 시험정보

[응시자격]

제한 없음

※ 단, 수산물품질관리사의 자격이 취소된 날부터 2년이 경과하지 아니한 자는 시험에 응시할 수 없음

[시험과목 및 시험시간]

구분	교시	시험과목	시험시간	시험방법
제1차 시험	1교시	1. 수산물품질관리 관련법령 (농수산물 품질관리 법령, 농수산물 유통 및 가격안정에 관한 법령, 농수산물의 원산지 표시 등에 관한 법령, 친환경농어업 육성 및 유기식품 등의 관리·지원에 관한 법령, 수산물 유통의 관리 및 지원에 관한 법령) 2. 수산물유통론 3. 수확 후 품질관리론 4. 수산일반	09:30~11:30 (120분)	객관식 4지 택일형 (과목당 25문항)
제2차 시험	1교시	1. 수산물품질관리 실무 2. 수산물등급판정 실무	09:30~11:10 (100분)	주관식 (단답형 및 서술형)

• 시험과 관련하여 법률·규정 등을 적용하여 정답을 구하여야 하는 문제는 시험시행일을 기준으로 시행 중인 법률·기준 등을 적용하여 그 정답을 구하여야 함
• 기활용된 문제, 기출문제 등도 변형·활용되어 출제될 수 있음

[합격자 결정]

구분	합격결정기준
제1차 시험	각 과목 100점을 만점으로 하여 각 과목 40점 이상의 점수를 획득한 사람 중 평균점수가 60점 이상인 사람을 합격자로 결정
제2차 시험	제1차 시험에 합격한 사람(제1차 시험이 면제된 사람 포함)을 대상으로 100점 만점에 60점 이상인 사람을 합격자로 결정

3 응시원서 접수

[수수료 납부]

• 응시수수료
  제1차 시험: 20,000원
  제2차 시험: 33,000원
• 납부방법: 전자결제(신용카드, 계좌이체, 가상계좌) 이용

차 례

수산물품질관리사 2차 시험 과년도 기출문제

수산물품질관리사
2차 시험
과년도 기출문제

2022년
제08회 수산물품질관리사 2차 시험 기출문제

※ 단답형 문제에 대해 답하시오. (1~20번 문제)

01 농수산물의 원산지 표시 등에 관한 법령상 원산지의 정의에 관한 내용이다. ( )에 알맞은 용어를 〈보기〉에서 찾아 쓰시오. [2점]

> "원산지"란 농산물이나 수산물이 생산·채취·포획된 국가·지역이나 ( )을(를) 말한다.

┤ 보기 ├

시장　　위판장　　공장　　해역　　검사지　　지정지

정답 해역

해설 법 제2조 (정의) "원산지"란 농산물이나 수산물이 생산·채취·포획된 국가·지역이나 해역을 말한다.

02 농수산물 품질관리법령상 해양수산부장관의 검사를 받아야 하는 수산물 및 수산가공품의 검사기준은 국립수산물품질관리원장이 정하여 고시하도록 규정하고 있다. ( )에 알맞은 용어를 〈보기〉에서 찾아 쓰시오. [2점]

> 수산물 및 수산가공품에 대한 검사기준은 국립수산물품질관리원장이 활어패류·건제품·냉동품·염장품 등의 제품별·( )별로 검사항목, ( )검사[사람의 오감(五感)에 의하여 평가하는 제품검사]의 기준 및 정밀검사의 기준을 정하여 고시한다.

┤ 보기 ├

원산지　　품질　　품목　　위생　　관능　　기계　　제한

해설) **시행규칙 제110조(수산물 등에 대한 검사기준)**
법 제88조제1항에 따른 수산물 및 수산가공품에 대한 검사기준은 국립수산물품질관리원장이 활어패류·건제품·냉동품·염장품 등의 제품별·품목별로 검사항목, 관능검사[사람의 오감(五感)에 의하여 평가하는 제품검사]의 기준 및 정밀검사의 기준을 정하여 고시한다.

03 농수산물의 원산지 표시 등에 관한 법령상 원산지 표시 등에 관한 설명이다. 옳으면 ○, 틀리면 ×를 표시하시오. [3점]

구 분	설 명
(①)	대외무역법령에 따라 수출입 농수산물이나 수출입 농수산물 가공품의 원산지를 표시한 경우 농수산물의 원산지 표시 등에 관한 법령에 따라 원산지를 표시한 것으로 본다.
(②)	원산지 표시대상 농수산물이나 그 가공품에 대해 조리하여 판매·제공하는 경우 조리에는 날것의 상태의 조리하는 것을 포함하며, 판매·제공에는 배달을 통한 판매·제공을 포함한다.
(③)	농수산물 가공품의 원료에 대한 원산지 표시대상 규정에 따르면 물, 식품첨가물, 주정(酒精) 및 당류는 배합 비율의 순위와 표시대상에 반드시 포함하여야 한다.

정답) ① ○ ② ○ ③ ×

해설) ① 시행령 [별표1] 수입 농수산물과 그 가공품(이하 "수입농수산물등"이라 한다)은 「대외무역법」에 따른 원산지를 표시한다.
② 시행령 제3조(원산지의 표시대상) 조리에는 날것의 상태로 조리하는 것을 포함하며, 판매·제공에는 배달을 통한 판매·제공을 포함한다.
③ 시행령 제3조(원산지의 표시대상) 물, 식품첨가물, 주정(酒精) 및 당류(당류를 주원료로 하여 가공한 당류가공품을 포함한다)는 배합 비율의 순위와 표시대상에서 제외한다.

04 장염비브리오균(Vibrio parahaemolyticus) 식중독의 특성에 관한 설명이다. 옳으면 ○, 틀리면 ×를 표시하시오. [3점]

구 분	설 명
(①)	원인균은 호염성세균, 그람음성세균, 무포자간균, 단모균, 중온균이다.
(②)	오염된 패류, 생선류, 생선회를 섭취하여 직접감염이 발생하거나 오염된 어패류를 손질한 조리도구(칼, 도마 등), 손에 의해 2차감염이 발생한다.
(③)	감염으로 인한 주요 증상은 유산 또는 수막염이며, 잠복기는 식후 36~48시간이다.

정답 ① ○ ② ○ ③ ×

해설 ① 중온균: 25~35℃
② 감염경로는 주로 여름철에 어패류의 생식이나, 가공품에 의한 것이 대부분으로 오염된 어패류로부터 조리하는 기구나 행주, 손을 거쳐 이차적으로 발생하기도 한다.
③ 주요증상은 산동싱 복통과 물과 같은 설사, 구역, 구도, 두통 및 발열을 동반하는 것이며, 잠복기는 12~24시간이다.

○ 참고 ▶ 장염 Vibrio 식중독

㉠ 원인균: 장염비브리오균(Vibrio parahaemolyticus)
㉡ 특징
• 장염비브리오균은 바닷물과 갯벌에 분포하고 수온이 20℃가 넘으면 활발히 증식하고 5℃ 이하에서 증식이 불가능하다. 열에 약해서 60℃에서 15분, 100℃에서 수 분 내 사멸한다.
• 생육적온 37℃의 중온균이며 염분 농도 3~4%에서도 잘 자라는 호염성균이며, 바닷가 연안의 해수, 해초, 플랑크톤 등에 분포한다.
• Vibrio vulnificus는 패혈증을 일으키는 병원균으로 어패류 등에서 발견된다. 비브리오균에 오염된 어패류를 생식하거나 피부의 상처를 통해 감염되었을 때 발생한다. 평균 1~2일의 잠복기를 거쳐 패혈증을 유발하며 다양한 피부병변과 오한, 발열 등의 전신증상과 설사, 복통, 구토, 하지통증이 동반된다.

05 어패류 선도판정 물질인 TMA(트리메틸아민)에 관한 설명이다. 옳으면 ○, 틀리면 ×를 표시하시오. [3점]

구 분	설 명
(①)	세균의 산화작용으로 TMAO로부터 생성되는 물질로서 선도 저하에 따른 TMA 증가율이 암모니아보다 작기 때문에 선도판정에 적합하다.
(②)	해수어의 경우 TMA 함량이 10mg/100g이면 일반적으로 초기 부패로 본다.
(③)	담수어는 TMAO 함유량이 적기 때문에 TMA 측정법의 적용이 어렵다.

정답 ① × ② × ③ ○

해설 선도판정: 트리메틸아민(TMA, trimethylamine) 측정법

ⓐ 트리메틸아민은 신선 어육에는 거의 존재하지 않으나 사후 세균에 의해 TMAO가 환원되어 생성되며, <u>그 증가율이 암모니아보다 커서 선도판정에 적합하다.</u>

ⓑ 일반적인 선도판정 기준(초기부패판정)
- 일반 어류: 3~4mg/100g
- 대구: 4~6mg/100g
- 청어: 7mg/100g
- 다랑어: 1.5~2mg/100g

ⓒ 선도판정 불가 어종
- 가오리, 상어, 홍어 등은 TMAO 함유량이 많아 적용할 수 없다.
- <u>담수어 어육에는 TMAO 함유량이 해수어보다 원래 적기 때문에 TMA 양으로 선도를 판정할 수 없다.</u>

06 수산건조제품에 해당되는 건조법을 〈보기〉에서 찾아 쓰시오. [3점]

제 품	마른오징어	마른해삼	황태	굴비	가쓰오부시
건조법	(①)	(②)	(③)	(④)	(⑤)

┤ 보기 ├

염건법   자건법   소건법   자배건법   동건법

정답 ① 소건법 ② 자건법 ③ 동건법 ④ 염건법 ⑤ 자배건법

해설 **건제품의 종류**

건제품	건조방법	종 류
소건품	수산물을 아무런 전처리 없이 그대로 건조한 제품	마른오징어, 마른대구, 마른김, 마른미역 등
자건품	자숙한 후 건조한 제품	마른멸치, 마른해삼, 마른새우, 마른패주 등
동건품	자연적 기후조건 또는 기계적으로 동결 및 해동을 반복하여 건조한 제품	황태, 한천, 과메기 등
염건품	소금에 절인 후 건조한 제품	굴비, 염건고등어 등
훈건품	훈연하면서 건조한 제품	훈연오징어, 훈연굴 등
조미건제품	조미 후 건조한 제품	조미오징어, 조미쥐치 등
배건품	불에 구워서 건조한 제품	가쓰오부시 등

07 수산물 유통 정보의 요건 중 정확성에 관한 것이다. 체계화·자동화 정보수집기술에 해당하는 것을 〈보기〉에서 모두 고르시오. [2점]

┤ 보기 ├

바코드(Bar code)   판매시점 시스템(POS system)   전자자료교환(EDI)

정답 바코드(Bar code), 판매시점 시스템(POS system)

해설 • EDI는 정보수집기술이 아니라 정보전달기술이다.
  • **바코드(Bar code)**: 영숫자나 특수글자를 기계가 읽을 수 있는 형태로 표현하기 위해 굵기가 다른 수직 막대들의 조합으로 나타내어, 광학적으로 판독이 가능하도록 한 코드이다.
  • **판매시점 시스템(POS system)**: 판매가 이루어짐과 동시에 판매 활동을 관리하는 시스템. 매장의 금전 등록기와 본사의 컴퓨터를 연결하여, 판매 즉시 그 데이터가 입력되어 매상 관리, 재고 관리, 상품 관리를 할 수 있게 한다.
  • **EDI(전자문서교환, Electronic Data Interchange)**: 표준화된 상거래서식 또는 공공서식을 서로 합의된 통신 표준에 따라 컴퓨터 간에 교환하는 정보전달방식이다.

08 수산물 유통구조에 관한 설명이다. (   )에 알맞은 용어를 쓰시오. [2점]

> 일반적으로 2℃ 이하의 온도에서 수산물을 유통하는 방법을 (①   )(이)라고 하며, -18℃ 이하의 온도에서 수산물을 유통하는 방법을 (②   )(이)라고 한다.

정답 ① 냉장 ② 냉동

해설 • 냉장: 저장성을 높이기 위하여 냉장 온도에서 식품을 보관하고, 식품 공전에서는 냉장 온도를 0~10℃ 로 규정하고 있다.
• 냉동: 동결점 이하 온도, 특히 냉동실 온도는 -18 ~ -20℃가 적당하다.

09 국가가 정책적으로 수산물의 총생산량을 규제하는 총허용어획량(TAC; Total Allowable Catch)에 해당하는 어종을 〈보기〉에서 모두 고르시오. [3점]

┤ 보기 ├

굴   개조개   피조개   키조개   참전복   도루묵   참홍어

정답 키조개, 도루묵

해설 • **총허용어획량(TAC; Total Allowable Catch):** TAC은 수산 자원을 합리적으로 관리하기 위하여 어종별 로 연간 잡을 수 있는 상한선을 정하고, 그 범위 내에서 어획할 수 있도록 하는 것이다.
• **2022년 7월 이후 TAC 대상 어종(해양수산부 고시 제2022-100호):** 고등어(망치고등어 제외), 전갱이 (가라지 포함), 붉은 대게, 키조개, 대게, 꽃게, 오징어(살오징어만 해당), 도루묵, 갈치, 참조기, 삼치

10 수산물 공동판매의 목적 중 생산자 조정 기능의 사례에 관한 설명이다. (   )에 공통으로 들어갈 용어를 〈보기〉에서 찾아 쓰시오. [2점]

> 서해안 A수협의 생산자들은 흰다리새우가 많이 생산될 때에는 (   )을(를) 조절하여 판매 가격을 안정시키고 있다. 남해안 B수협은 김, 넙치 등의 생산량이 많을 때에는 잉여수산 물을 사들여 폐기하거나 (   )을(를) 조절하여 판매 가격을 안정시키고 있다.

┤ 보기 ├

소비량   출하시기   검사시기   수입량

정답 출하시기, 검사시기

해설 **수산물 가격안정을 공동판매:** 출하시기를 조절하여 홍수출하를 막아 가격 폭락을 방지하고, 간접적으로 검사시기를 조절하여 판매가격을 안정시킨다.

11 수산물 유통업체 A가 냉동정어리 30톤을 구매하여 사료용으로 판매하기 위해 수산물·수산가공품 검사기준에 관한 고시에서 정한 관능검사기준에 따라 검사하는 경우 검사항목에 해당하는 5가지를 〈보기〉에서 고르시오. [2점]

┤ 보기 ├

형태	색택	선별
선도	잡물	냄새
건조 및 유소	온도	

정답 형태, 색택, 선도, 건조 및 유소, 온도

해설 수산물·수산가공품의 검사기준: 관능검사기준(냉동품 – 어·패류)

항 목	합 격
형 태	고유의 형태를 가지고 손상과 변형이 거의 없는 것
색 택	고유의 색택으로 양호한 것
선 별	크기가 대체로 고르고 다른 종류가 혼입되지 아니한 것
선 도	선도가 양호한 것
잡 물	혈액 등의 처리가 잘 되고 그 밖에 협잡물이 없는 것
건조 및 유소	글레이징이 잘되어 건조 및 유소현상이 없는 것 다만, 건조 및 유소를 방지할 수 있도록 포장한 것은 제외함
온 도	중심온도가 -18℃ 이하인 것 다만, 횟감용 참치류의 중심온도는 -40℃ 이하인 것

* <u>의료용 및 사료용 수산물·수산가공품은 위 기준 중 선별, 잡물 항목을 제외한다.</u>

12 수산물·수산가공품 검사기준에 관한 고시에 규정된 건제품별 관능검사 항목 중 협잡물의 합격기준을 설명한 것으로 옳은 것은 ○, 틀린 것은 ×를 쓰시오. [2점]

품 목	항 목	합 격	답란
마른돌김	협잡물	종류가 다른 김의 혼입이 3% 이하인 것	(①)
마른해조류	협잡물	다른 해조, 토사 및 그 밖에 협잡물이 3% 이하인 것	(②)
마른해조분	협잡물	토사 및 그 밖에 협잡물이 5% 이하인 것	(③)
마른 바랜·뜬갯풀	협잡물	협잡물이 3% 이하인 것	(④)

정답 ① × ② ○ ③ ○ ④ ×

품 목	항 목	합 격
마른돌김	협잡물	토사·패각 등 협잡물의 혼입이 없는 것
마른해조류	협잡물	다른 해조, 토사 및 그 밖에 협잡물이 3% 이하인 것
마른해조분	협잡물	토사 및 그 밖에 협잡물이 5% 이하인 것
마른 바랜·뜬갯풀	협잡물	협잡물이 1% 이하인 것

13 수산물·수산가공품 검사기준에 관한 고시에 따른 건제품 중 찐톳의 관능검사 항목에서 형태와 색택의 합격기준을 설명한 것이다. (   )에 알맞은 내용을 쓰시오. [3점]

항 목	합 격
형 태	• 줄기(L): 길이는 (①)cm 이상으로서 (①)cm 미만의 줄기와 잎의 혼입량이 (②)% 이하인 것 • 잎(S): 줄기를 제거한 잔여분(길이 (①)cm 미만의 줄기 포함)으로서 가루가 섞이지 않은 것 • 파치(B): 줄기와 잎의 부스러기로서 가루가 섞이지 않은 것
색 택	광택이 있는 (③)(으)로서 착색은 찐톳원료 또는 감태 등 자숙 시 유출된 액으로 고르게 된 것

정답 ① 3 ② 5 ③ 흑색

해설 **관능검사기준(건제품 – 찐톳)**

항 목	합 격
형 태	• 줄기(L): 길이는 3cm 이상으로서 3cm 미만의 줄기와 잎의 혼입량이 5% 이하인 것 • 잎(S): 줄기를 제거한 잔여분(길이 3cm 미만의 줄기 포함)으로서 가루가 섞이지 않은 것 • 파치(B): 줄기와 잎의 부스러기로서 가루가 섞이지 않은 것
색 택	광택이 있는 흑색으로서 착색은 찐톳원료 또는 감태 등 자숙 시 유출된 액으로 고르게 된 것
선 별	줄기와 잎을 구분하고 잡초의 혼입이 없으며 노쇠 등 여원제품의 혼입이 없는 것
협잡물	토사·패각 등 협잡물의 혼입이 없는 것
취 기	곰팡이 냄새 또는 그 밖에 이취가 없는 것

14 수산물·수산가공품 검사기준에 관한 고시에 따른 성게젓 제품에 해당하는 검사항목 및 합격(기준)이 옳은 항목을 모두 고르시오. [2점]

구 분	항 목	합격(기준)
관능검사	형 태	크기가 고르고 생식소의 충전(充塡)이 양호하고 파란 및 수란이 적은 것
	색 택	고유의 색택이 양호한 것
	향 미	고유의 향미를 가지고 이취가 없는 것
	처 리	처리상태 및 배열이 양호한 것
정밀검사	수 분	60% 이하

....

정답 색택, 향미, 정밀검사

해설 관능검사기준(염장품 – 성게젓)

항 목	합 격
형 태	미숙한 생식소의 혼입이 적고 이종품의 혼입이 거의 없으며 알 모양이 대체로 뚜렷한 것
색 택	고유의 색택이 양호한 것
협잡물	토사 및 그 밖에 협잡물이 없는 것
향 미	고유의 향미를 가지고 이취가 없는 것

정밀검사 "수분": 성게젓 60% 이하

15 한천공장 D에서 생산한 실한천에 대해 정밀검사를 실시하여 다음과 같은 결과를 얻었다. 수산물·수산가공품 검사기준에 관한 고시에 따라 수산물품질관리사가 판단하여야 하는 실한천의 등급을 쓰시오. (단, 관능검사 및 기타 정밀검사 항목은 고려하지 않는다.) [2점]

항 목	제 품	정밀검사 결과	등급
제리강도	제품 A(C급 실한천)	$210g/cm^3$	(①)
	제품 B(J급 실한천)	$230g/cm^3$	(②)

정답 ① 2등 ② 3등

해설 실한천 제리강도 정밀검사기준

기준		대상		
		1등	2등	3등
C급($100\sim300g/cm^2$ 이상)	실한천(cm^3당)	300g 이상	200g 이상	100g 이상
J급($100\sim350g/cm^2$ 이상)	실한천(cm^3당)	350g 이상	250g 이상	100g 이상
	가루·인상한천(cm^3당)	350g 이상	250g 이상	150g 이상
	산한천(cm^3당)	200g 이상	100g 이상	–

16 수산물·수산가공품 검사기준에 관한 고시에 따른 정밀검사기준 중 일부이다. (   )에 알맞은 내용을 쓰시오. [3점]

항 목	기준	대상
(①)	6.0 이상	수출용 냉동굴에 한정함
이산화황(SO_2)	(②)mg/kg 미만	조미쥐치포류, 건어포류, 기타건포류, 마른새우류(두절 포함)

정답 ① pH ② 30

해설 정밀검사기준

항목	기준	검사대상
9. pH	6.0 이상	수출용 냉동굴에 한함
11. 이산화황(SO_2)	30mg/kg 미만	조미쥐치포류, 건어포류, 기타건포류, 마른새우류(두절 포함)

17 식품의 기준 및 규격(식품공전)에서 규정하고 있는 식품의 대장균군에 대한 특성과 시험방법에 관한 내용이다. 밑줄 친 내용이 옳으면 ○, 틀리면 ×를 쓰시오. [3점]

> 대장균군은 Gram양성(①), 무아포성 간균(②)으로서 유당을 분해하여 가스를 발생하는 모든 호기성 또는 통성 혐기성세균을 말한다. (…)
> 유당배지를 이용한 대장균군의 정성시험은 추정시험(③), 확정시험, 최종시험(④)의 3단계로 나눈다.

정답 ① × ② ○ ③ ○ ④ ×

해설 **대장균군 정밀검사 방법**
대장균군은 Gram음성, 무아포성 간균으로서 유당을 분해하여 가스를 발생하는 모든 호기성 또는 통성 혐기성세균을 말한다. 대장균군 시험에는 대장균군의 유무를 검사하는 정성시험과 대장균군의 수를 산출하는 정량시험이 있다.
유당배지를 이용한 대장균군의 정성시험은 추정시험, 확정시험, 완전시험의 3단계로 나눈다. 3.3 제조법에 따른 시험용액 10mL를 2배 농도의 유당배지(배지 2)에, 시험용액 1mL 및 0.1mL를 유당배지(배지 2)에 각각 3개 이상씩 가한다.

18 수산물·수산가공품 검사기준에 관한 고시에서 정의하고 있는 '어간유·어유'에 대한 용어의 뜻이다. (   )에 알맞은 내용을 쓰시오. [2점]

> "어간유·어유"란 수산동물의 (①)에서 추출한 (②) 또는 이를 원료로 하여 농축한 것(어간유)과 수산동물의 (①)(을)를 제외한 어체에서 추출한 (②)(어유)(을)를 말한다.

정답 ① 간장 ② 유지

해설 "어간유·어유"라 함은 수산동물의 간장에서 추출한 유지 또는 이를 원료로 하여 농축한 것(어간유)과 수산동물의 간장을 제외한 어체에서 추출한 유지(어유)를 말한다.

19 식품의 기준 및 규격(식품공전)에서 규정하고 있는 수산물에 대한 시험방법 중 복어독 시험 분석원리에 관한 설명이다. (   )에 알맞은 내용을 쓰시오. [3점]

> 껍질과 근육을 균질화한 후 검체 일정량을 비커에 취하여 0.1% (①)(으)로 추출하여 수 욕 중에서 교반 후 냉각하여 여과한다. 이 액을 (②)에 주입하여 치사시간으로부터 독량 을 산출한다.

(정답) ① 초산용액 또는 초산성 메탄올 ② 마우스

(해설) **복어독 시험 분석원리**: 껍질과 근육을 균질화한 후 검체 일정량을 비커에 취하여 <u>0.1% 초산용액 또는 초산성 메탄올</u>로 추출하여 수욕 중에서 교반 후 냉각하여 여과한다. 이 액을 <u>마우스</u>에 주입하여 치사시간 으로부터 독량을 산출한다.

20 농수산물 품질관리법령상의 수산물 및 수산가공품에 대한 검사의 종류 및 방법에 관한 내용 중 일부이다. (   )에 들어갈 내용을 쓰시오. [3점]

> 3. 정밀검사
>   가. "정밀검사"란 (①) · (②) · (③) 방법으로 그 적합 여부를 판정하는 검사로서 다음의 수산물 · 수산가공품을 그 대상으로 한다. (…)
>   비고 (…)
>   2) 국립수산물품질관리원장 또는 검사기관의 장은 검사신청인이 「식품위생법」 제24조에 따라 지정된 식품위생검사기관의 (④)(을)를 제출하는 경우에는 해당 수산물 · 수산가 공품에 대한 정밀검사를 갈음하거나 그 검사항목을 조정하여 검사할 수 있다.

(정답) ① 물리적 ② 화학적 ③ 미생물학적 ④ 검사증명서 또는 검사성적서

(해설) **농수산물 품질관리법 시행규칙 [별표 24] 수산물 및 수산가공품에 대한 검사의 종류 및 방법** 정밀검사
가. "정밀검사"란 물리적 · 화학적 · 미생물학적 방법으로 그 적합 여부를 판정하는 검사로서 다음의 수 산물 · 수산가공품을 그 대상으로 한다.
   1) 검사신청인 또는 외국요구기준에서 분석증명서를 요구하는 수산물 및 수산가공품
   2) 관능검사 결과 정밀검사가 필요하다고 인정되는 수산물 및 수산가공품
   3) 외국요구기준에 따라 수출된 수산물 및 수산가공품에서 유해물질이 검출된 경우 그 수산물 및 수 산가공품의 생산 · 가공시설에서 생산 · 가공되는 수산물

[비고]
1. 법 제88조제4항제1호 및 제2호에 따른 수산물·수산가공품 또는 수출용으로서 살아있는 수산물에 대한 별지 제69호서식의 위생(건강)증명서 또는 별지 제70호 서식의 분석증명서를 발급받기 위한 검사신청이 있는 경우에는 검사신청인이 수거한 검사시료로 정밀검사를 할 수 있다. 이 경우 검사신청인은 수거한 검사시료와 수출하는 수산물이 동일함을 증명하는 서류를 함께 제출하여야 한다.
2. 국립수산물품질관리원장 또는 검사기관의 장은 검사신청이 「식품위생법」 제24조에 따라 지정된 식품위생검사기관의 검사증명서 또는 검사성적서를 제출하는 경우에는 해당 수산물·수산가공품에 대한 정밀검사를 갈음하거나 그 검사항목을 조정하여 검사할 수 있다.

※ 서술형 문제에 대해 답하시오. (21~30번 문제)

21 농수산물 품질관리법령상 유전자변형농수산물의 표시를 하여야 하는 자에 대하여 금지되는 행위 3가지 중 '유전자변형농수산물의 표시를 거짓으로 하거나 이를 혼동하게 할 우려가 있는 표시를 하는 행위' 외 나머지 2가지를 쓰시오. [5점]

> (정답) 1. 유전자변형농수산물의 표시를 혼동하게 할 목적으로 그 표시를 손상·변경하는 행위
> 2. 유전자변형농수산물의 표시를 한 농수산물에 다른 농수산물을 혼합하여 판매하거나 혼합하여 판매할 목적으로 보관 또는 진열하는 행위

> (해설) **법 제57조(거짓표시 등의 금지)**
> 제56조제1항에 따라 유전자변형농수산물의 표시를 하여야 하는 자(이하 "유전자변형농수산물 표시의무자"라 한다)는 다음 각 호의 행위를 하여서는 아니 된다.
> 1. 유전자변형농수산물의 표시를 거짓으로 하거나 이를 혼동하게 할 우려가 있는 표시를 하는 행위
> 2. 유전자변형농수산물의 표시를 혼동하게 할 목적으로 그 표시를 손상·변경하는 행위
> 3. 유전자변형농수산물의 표시를 한 농수산물에 다른 농수산물을 혼합하여 판매하거나 혼합하여 판매할 목적으로 보관 또는 진열하는 행위

22 농수산물 품질관리법령상 지리적표시로 등록한 사항 중 변경사유가 발생하였을 때 신고하여야 하는 항목 3가지를 쓰시오. [5점]

> (정답) 1. 등록자
> 2. 지리적표시 대상지역의 범위
> 3. 자체품질기준 중 제품생산기준, 원료생산기준 또는 가공기준

> (해설) **시행규칙 제56조(지리적표시의 등록 및 변경)**
> ③ 법 제32조제3항 후단에 따라 지리적표시로 등록한 사항 중 다음 각 호의 어느 하나의 사항을 변경하려는 자는 별지 제30호서식의 지리적표시 등록(변경)신청서에 변경사유 및 증거자료를 첨부하여 농산물은 국립농산물품질관리원장, 임산물은 산림청장, 수산물은 국립수산물품질관리원장에게 각각 제출하여야 한다.
> 1. 등록자
> 2. 지리적표시 대상지역의 범위
> 3. 자체품질기준 중 제품생산기준, 원료생산기준 또는 가공기준

23 굴이 냉동 저장 중 갈변하는 이유 2가지와 각각의 방지대책을 1가지씩 쓰시오. [5점]

정답 1. 효소적 갈변(지질의 산화), 비효소적 갈변(마이야르 반응 등)
2. 효소적 갈변(지질의 산화): 산소와의 접촉 차단
비효소적 갈변: 항산화제 사용

해설 **갈변**

굴은 생굴로서 유통이 많지만, 일부는 동결하여 수출하거나 가공 원료로 이용되고 있다. 동결저장한 굴을 자숙 또는 증자할 때에 갈색으로 변색하는 경우가 있다. 저장기간이 짧은 것은 갈변 부위가 적은 데 저장 기간이 긴 것일수록 그 부위가 넓고 색도 진하여 상품가치저하의 원인이 된다. 갈변의 주요 원인은 굴 중의 지질의 산하에 기인하는데, 산화지질은 가열에 의해 질소화합물과 반응하여 갈색색소를 생성하기 때문이다.

그 외의 갈변원인으로서는 Maillard 반응, 클로로필의 분해 생성물, Carotenoid 색소의 이행, 효소적 갈변반응 등을 들 수 있다. 갈변을 방지하기 위해서는 동결품의 산소와의 접촉 차단, 항산화제의 사용이 효과적이라 하겠다.

24 어패류가 어획되고 나서 죽은 후에 일어나는 변화인 사후변화를 5단계로 구분하여 순서대로 쓰시오. [5점]

정답 해당작용, 사후경직, 해경, 자가소화, 부패

해설 **수산물의 사후변화 과정**

해당작용	➡	사후경직	➡	해경	➡	자가소화	➡	부패

25 수산물 산지유통의 계통출하에 관한 설명이다. (　)에 알맞은 유통주체를 쓰시오. [5점]

구 분	설 명
(①)	상장된 수산물에 대한 정보를 제공하고 경매의 흥을 더함으로써 수산물의 가격이 적정선에서 결정될 수 있도록 하는 역할을 하는 자
(②)	대형유통업체, 가공업체, 소비자단체 등의 실수요자로서 경매에 참여하는 사람들로 경매과정에서 중도매인들과 경쟁하며 수산물을 구입하는 역할을 하는 자
(③)	산지위판장을 관리하는 주체로 출하자인 어업인의 위탁을 받아 주로 경매를 통해 중도매인 등에게 수산물을 판매하는 역할을 하는 자

정답 ① 경매사 ② 매매참가인 ③ 수산업협동조합(산지위판장 개설자)

> **해설** • "산지매매참가인"이란 수산물산지위판장 개설자에게 신고를 하고 수산물산지위판장에 상장된 수산물을 직접 매수하는 자로서 산지중도매인이 아닌 가공업자·소매업자·수출업자 또는 소비자단체 등 수산물의 수요자를 말한다.
> • "산지경매사"란 해양수산부장관이 실시하는 산지경매사 자격시험에 합격하고, 수산물산지위판장에 상장된 수산물의 가격 평가 및 경락자 결정 등의 업무를 수행하는 자를 말한다.

26 수산물·수산가공품 검사기준에 관한 고시에서 규정하고 있는 냉동품이 아닌 구운어묵 제품의 관능검사 항목 및 합격기준에 관한 내용이다. ( )에 알맞은 내용을 서술하시오. [5점]

항 목	합 격
성 상	색·형태·풍미 및 식감이 양호하고 이미·이취가 없는 것 고명을 넣은 것은 그 모양 및 배합상태가 양호한 것 구운어묵은 구운색이 양호하며 눌은 것이 없는 것
(①)	(②)
이 물	혼합되지 않은 것

> **정답** ① 탄력
> ② 5mm 두께로 절단한 것을 반으로 접었을 때 금이 가지 아니한 것

> **해설** 어묵류(찐어묵·구운어묵·튀김어묵·맛살 등) 합격기준
>
> | 항 목 | 합 격 |
> |---|---|
> | 성 상 | 1. 색·형태·풍미 및 식감이 양호하고 이미·이취가 없는 것
2. 고명을 넣은 것은 그 모양 및 배합상태가 양호한 것
3. 구운어묵은 구운색이 양호하며 눌은 것이 없는 것
4. 맛살은 게·새우 등의 형태와 풍미가 유사한 것 |
> | 탄 력 | 5mm 두께로 절단한 것을 반으로 접었을 때 금이 가지 아니한 것 |
> | 이 물 | 혼합되지 아니한 것 |

27 톳 가공공장 W에서 생산되는 마른톳의 관능검사를 실시하여 다음과 같은 결과를 얻었다. 수산물·수산가공품 검사기준에 관한 고시에 따른 마른톳의 항목별 등급을 쓰고, 종합등급 판정과 그 이유를 서술하시오. [5점]

항 목	검사 결과	등급
원 료	산지 및 채취의 계절이 같고 조체발육이 우량하였음	(①)
색 택	고유의 색택으로서 보통이며 변질이 되지 않았음	(②)
협잡물	다른 해조 및 토사 그 밖에 협잡물이 1% 이하였음	(③)
종합등급	(④)	
이 유	(⑤)	

※ ⑤ 이유 작성 예시: ○○항목은 ○등이나 △△항목은 △등이므로 종합등급은 ◇등으로 판정

정답) ① 1등 ② 3등 ③ 1등 ④ 3등
⑤ 원료, 협잡물 항목은 1등이나 색택 항목이 3등이므로 종합등급은 3등으로 판정

해설) **관능검사기준(마른톳)**

항 목	1등	2등	3등
원 료	산지 및 채취의 계절이 동일하고 조체발육이 우량한 것	산지 및 채취의 계절이 동일하고 조체발육이 양호한 것	산지 및 채취의 계절이 동일하고 조체발육이 보통인 것
색 택	고유의 색택으로서 우량하며 변질이 아니된 것	고유의 색택으로서 우량하며 변질이 아니된 것	고유의 색택으로서 보통이며 변질이 아니된 것
협잡물	다른 해조 및 토사 그 밖에 협잡물이 1% 이하인 것	다른 해조 및 토사 그 밖에 협잡물이 3% 이하인 것	다른 해조 및 토사 그 밖에 협잡물이 5% 이하인 것

28 수산물·수산가공품 검사기준에 관한 고시에서 마른김 및 얼구운김을 관능검사기준에 따라 5가지 등급으로 분류하고 있다. 관능검사 항목 중 '청태의 혼입'에 따른 각각의 등급 및 그 기준을 서술하시오. (단, 혼해태의 검사기준은 고려하지 않는다.) [5점]

정답) (1) 특등, 1등, 2등, 3등, 등외
(2) 청태의 혼입 등급 기준
① 특등: 청태(파래·매생이)의 혼입이 없는 것
② 1등: 청태의 혼입이 3% 이내인 것
③ 2등: 청태의 혼입이 10% 이내인 것
④ 3등: 청태의 혼입이 15% 이내인 것
⑤ 등외: 청태의 혼입이 15% 이내인 것

관능검사기준(마른김 및 얼구운김)

항목	검사기준				
	특등	1등	2등	3등	등외
형태	길이 206mm 이상, 너비 189mm 이상이고 형태가 바르며 축파지, 구멍기가 없는 것. 다만 대판은 길이 223mm 이상, 너비 195mm 이상인 것	길이 206mm 이상, 너비 189mm 이상이고 형태가 바르며 축파지, 구멍기가 없는 것. 다만, 재래식은 길이 260mm 이상, 너비 190mm 이상, 대판은 길이 223mm 이상, 너비 195mm 이상인 것	좌와 같음	좌와 같음	길이 206mm, 너비 189mm이나 과도하게 가장자리를 치거나 형태가 바르지 못하고 경미한 축파지 및 구멍기가 있는 제품이 약간 혼입된 것. 다만, 재래식과 대판의 길이 및 너비는 1등에 준한다.
색택	고유의 색택(흑색)을 띄고 광택이 우수하고 선명한 것	고유의 색택을 띄고 광택이 우량하고 선명한 것	고유의 색택을 띄고 광택이 양호하고 사태가 경미한 것	고유의 색택을 띄고 있으나 광택이 보통이고 사태나 나부기가 보통인 것	고유의 색택이 떨어지고 나부기 또는 사태가 전체 표면의 20% 이하인 것
청태의 혼입	청태(파래·매생이)의 혼입이 없는 것	청태의 혼입이 3% 이내인 것 다만 혼해태는 20% 이하인 것	청태의 혼입이 10% 이내인 것 다만 혼해태는 30% 이하인 것	청태의 혼입이 15% 이내인 것 다만 혼해태는 45% 이하인 것	청태의 혼입이 15% 이내인 것 다만 혼해태는 50% 이하인 것
향미	고유의 향미가 우수한 것	고유의 향미가 우량한 것	고유의 향미가 양호한 것	고유의 향미가 보통인 것	고유의 향미가 다소 떨어지는 것

29 업체 A는 마른새우류의 수출을 위해 국립수산물품질관리원에 수산물·수산가공품 검사기준에 관한 고시에 따른 관능검사를 의뢰하였다. 이 경우, 마른새우류의 관능검사 항목 중 '협잡물' 외에 4가지 항목을 쓰고, '협잡물'의 합격기준을 서술하시오. [5점]

(1) 형태, 색택, 향미, 선별
(2) 협잡물 합격기준: 토사 및 그 밖에 협잡물이 없는 것

마른새우류(새우살·겉새우 등 일반갑각류 포함) 관능검사기준

항 목	합 격
형 태	손상이 적고 대체로 고른 것
색 택	색택이 양호한 것
협잡물	토사 및 그 밖에 협잡물이 없는 것
향 미	고유의 향미를 가지고 이취가 없는 것
선 별	이종품의 혼입이 거의 없는 것

30 식품의 기준 및 규격(식품공전)에 따른 '패류 및 피낭류 통조림'의 마비성 패독을 시험하기 위한 검체의 손질 방법을 서술하시오. (단, 대용량이 아닌 경우이다.) [5점]

(정답) 검체의 손질

가) 패류, 피낭류패류 및 피낭류의 외부를 물로 깨끗이 씻고 10개체 이상 또는 껍질을 제거한 육이 200g 이상이 되도록 손질한다(패류의 경우 껍데기를 열고 내부의 모래나 이물질을 제거하기 위해 물로 씻은 후 칼로 패육을 취한다).

이때 가열하거나 약품을 사용해서는 아니 된다. 육 전량을 표준체(20mesh)에 얹어 5분 동안 물을 뺀 후 균질기로 균질화한다.

나) 패류 및 피낭류 통조림 내용물 전량을 취해 균질화한다.

다) 패류 및 피낭류 염장품, 패류 및 피낭류 건조가공품검체 일정량을 분말로 만들거나 가늘게 잘라 균질화한다.

(해설) 식품공전(수산물 정밀검사기준)

마비성 패독 시험용액의 조제(검체의 손질): (정답) 참조

수산물품질관리사 2차 시험 기출문제

2021년 제 **7** 회

※ 단답형 문제에 대해 답하시오. (1~20번 문제)

01 농수산물 품질관리법령상 수산물 품질인증의 유효기간에 관한 설명이다. (   )에 맞는 기간을 쓰시오. [2점]

> 품질인증의 유효기간은 품질인증을 받은 날부터 (①)년으로 한다. 다만, 품목의 특성상 달리 적용할 필요가 있는 경우에는 (②)년의 범위에서 해양수산부령으로 유효기간을 달리 정할 수 있다.

정답 ① 2 ② 4

해설 법 제15조(품질인증의 유효기간 등)
① 품질인증의 유효기간은 품질인증을 받은 날부터 2년으로 한다. 다만, 품목의 특성상 달리 적용할 필요가 있는 경우에는 4년의 범위에서 해양수산부령으로 유효기간을 달리 정할 수 있다.

02 농수산물의 품질관리법령상 수산물 지리적표시의 등록을 받으려는 자는 신청서에 다음의 서류를 첨부하여 국립수산물품질관리원장에게 제출하여야 한다. 지리적표시의 등록을 위한 제출서류에 해당하면 ○, 해당하지 않으면 ×를 표시하시오. [3점]

구 분	설 명
(①)	대상품목·명칭 및 품질의 특성에 관한 설명서
(②)	해당 특산품의 유명성과 역사성을 증명할 수 있는 자료
(③)	국가연구기관 또는 관련 대학에서 인정하는 정관

정답 ① ○ ② ○ ③ ×

제3항 지리적표시의 등록을 받으려는 자는 농림축산식품부령 또는 해양수산부령으로 정하는 등록 신청 서류 및 그 부속서류를 농림축산식품부령 또는 해양수산부령으로 정하는 바에 따라 농림축산식품부장관 또는 해양수산부장관에게 제출하여야 한다. 등록한 사항 중 농림축산식품부령 또는 해양수산부령으로 정하는 중요 사항을 변경하려는 때에도 같다.

시행규칙 제56조 제출서류
1. 정관(법인인 경우만 해당한다)
2. 생산계획서(법인의 경우 각 구성원별 생산계획을 포함한다)
3. 대상품목·명칭 및 품질의 특성에 관한 설명서
4. 해당 특산품의 유명성과 역사성을 증명할 수 있는 자료
5. 품질의 특성과 지리적 요인과 관계에 관한 설명서
6. 지리적표시 대상지역의 범위
7. 자체품질기준
8. 품질관리계획서

03 농수산물의 품질관리법령상 해양수산부장관은 시·도지사가 지정해역을 지정하기 위하여 요청한 해역에 대하여 조사·점검한 결과 적합하다고 인정하는 경우 다음과 같이 구분하여 지정할 수 있다. (   )에 알맞은 용어를 쓰시오. [4점]

구 분	내 용
(①)	1년 이상의 기간 동안 매월 1회 이상 위생에 관한 조사를 하여 그 결과가 지정해역위생관리기준에 부합하는 경우
(②)	2년 6개월 이상의 기간 동안 매월 1회 이상 위생에 관한 조사를 하여 그 결과가 지정해역위생관리기준에 부합하는 경우

정답 ① 잠정지정해역 ② 일반지정해역

해설 **시행규칙 제86조(지정해역의 지정 등) 제4항**
해양수산부장관은 제1항에 따라 지정해역을 지정하는 경우 다음 각 호의 구분에 따라 지정할 수 있으며, 이를 지정한 경우에는 그 사실을 고시하여야 한다.
1. 잠정지정해역: 1년 이상의 기간 동안 매월 1회 이상 위생에 관한 조사를 하여 그 결과가 지정해역위생 관리기준에 부합하는 경우
2. 일반지정해역: 2년 6개월 이상의 기간 동안 매월 1회 이상 위생에 관한 조사를 하여 그 결과가 지정해 역위생관리기준에 부합하는 경우

04 수산물 가공 중 전처리 공정에서 하는 어류의 처리 형태별 명칭을 설명한 것이다. (   )에 알맞은 용어를 〈보기〉에서 찾아 쓰시오. [3점]

구 분	설 명
(①)	아무런 처리를 하지 아니한 통마리 생선이다.
(②)	아가미와 내장을 제거한 생선으로, G&G라고도 한다.
(③)	머리, 아가미와 내장을 제거한 다랑어를 증기로 삶은 다음 혈합육과 껍질을 제거한 육편이다.

┤ 보기 ├

드레스(Dressed)　　　　　로인(Loin)　　　　　세미드레스(Semi-dressed)
필렛(Fillet)　　　　　　　스테이크(Steak)　　　라운드(Round)

─────────────────────────────

정답 ① 라운드(Round) ② 세미드레스(Semi-dressed) ③ 로인(Loin)

해설 어체의 처리방법

용 어	설 명
Round	두부, 내장을 포함한 원형 그대로의 것
Semi-dressed	Round 상태의 어체에서 아가미와 내장을 제거한 것
Dressed	두부와 내장을 제거한 것
Pan dressed	Dressed로 처리한 어체에서 지느러미와 꼬리를 제거한 것
Fillet	Dressed 상태에서 척추골 부분을 제거하고 2개의 육편으로 처리한 것. 단, 학꽁치, 뱀장어, 붕장어, 보리멸 등은 dressed로 한 후 등뼈 제거 제품의 경우 fillet로 분류하고 이 경우 fillet는 껍질이 붙은 것(skin-on), 꼬리가 있는 것(tail-on) 등으로 구분하여 표시함
Chunk	Dressed 또는 fillet을 일정한 크기의 가로로 절단한 것
Steak	Dressed 또는 fillet을 2cm 정도의 두께로 절단한 것
Slice	Steak보다 더욱 얇게 절단한 것
Dice	어육을 2~3cm의 육면체형으로 절단한 것
Chop	어육 채취기로 체육한 것
Ground	고기갈이로 고기갈이 한 것
Shreded	자주 잘게 채썰기를 한 것
Loin	혈합육과 껍질을 제거한 것
Fish-block	어육을 일정한 형틀에 넣고 눌러서 단단하게 한 것으로 모서리의 각이 바르고 면이 편평함
Stick	Fish-block을 세절하여 각봉형으로 만든 것

출처: 김진수 외 3인, 2007, 도서출판 효일, 수산가공학의 기초와 응용 표 6-13

05 어육연제품은 가열 방법에 따라 다음과 같이 분류할 수 있다. (　　)에 알맞은 제품 종류를 〈보기〉에서 찾아 쓰시오. [3점]

가열 방법	가열 온도(℃)	가열 매체	제품 종류
증자법	80 ~ 90	수증기	(①)
배소법	100 ~ 180	공기	구운 어묵
탕자법	80 ~ 95	물	(②)
튀김법	170 ~ 200	식용유	(③)

┤ 보기 ├

어육소시지	어단	판붙이 어묵

정답 ① 판붙이 어묵 ② 어육소시지 ③ 어단

해설 **어육연제품 종류**

구 분	설 명
판붙이 어묵	작은 판에 연육을 붙여 찐 제품을 말한다.
부들 어묵	꼬치에 연육을 발라 구운 제품을 말한다.
포장 어묵	플라스틱 필름을 이용하여 포장 및 밀봉하여 가열한 제품을 말한다.
어단	공 모양으로 성형하여 기름에 튀긴 제품을 말한다.
어육소시지	명태 등의 냉동 어묵 50~60%에 돼지 지방 및 향신료를 섞어 만든 것을 케이싱(밀폐)한 다음 레토르트 살균 가마에서 고온 고압 살균을 실시하여 완성된다.
기타	집게 다리, 바닷가재, 새우 등을 틀에 넣어 가열한 제품 및 다시마 같은 것으로 말아서 만든 제품이 있다.

06
어패류의 선도판정법 중 휘발성염기질소(VBN) 측정에 관한 설명으로 옳으면 ○, 틀리면 ×를 표시하시오. [2점]

구 분	설 명
(①)	휘발성염기질소의 주요 성분은 암모니아, 디메틸아민(DMA), 트리메틸아민(TMA) 등이다.
(②)	휘발성염기질소의 측정법은 홍어의 선도판정에 주로 응용된다.
(③)	통조림의 원료는 휘발성염기질소 함량이 20mg/100g 이하인 것을 사용하여야 좋은 제품을 얻을 수 있다.

정답 ① ○ ② × ③ ○

해설 휘발성염기질소(VBN, volatile basic nitrogen) 측정법: 사용빈도가 가장 높다.
ⓐ 휘발성염기질소는 수산물이 함유하고 있는 단백질, 요소, 아미노산, TMAO 등이 분해되어 생성되는 물질을 말하며, 주요 성분은 <u>암모니아, TMA, DMA(dimethylamine) 등이다.</u>
ⓑ 휘발성염기질소는 신선 어육에는 5~10mg/100g으로 함유량이 매우 적지만 선도가 떨어지면 그 양이 점차 증가한다. 현재 어패류 선도판정 방법으로 가장 많이 쓰이고 있다.
ⓒ 일반적인 선도판정기준
  • 신선 어육: 5~10mg/100g
  • 보통 선도: 15~25mg/100g
  • 부패 초기: 30~40mg/100g
  • 통조림 원료: 어패류를 가공 원료 특히 통조림 원료로 사용할 때 VBN 함량이 100g당 20mg 이하인 것을 쓰지 않으면 좋은 제품을 생산할 수 없다. <u>100g당 VBN 20mg이 원료 선도의 한계점이라고 할 수 있다.</u>
ⓓ 선도판정 불가 어종
  <u>상어와 홍어 등 무척추동물의 어육에는 암모니아와 TMA의 생성량이 많아 이 방법으로는 선도를 판정하기 힘들다.</u>

07
선망어선 어업인 A가 고등어를 어획하여 가공하지 않은 상태로 소비자에게 유통되는 경로를 표시한 것이다. ( )에 알맞은 용어를 쓰시오. [2점]

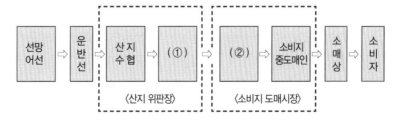

정답 ① 산지중도매인 ② 도매법인

08 수산물 유통단계 전부를 지칭하여 계산하는 유통마진율 계산식은 아래와 같다. (   )에 알맞은 용어를 〈보기〉에서 찾아 쓰시오. [2점]

$$유통마진율(\%) = \frac{소비자\ 구입가격\ -\ (\qquad)}{소비자\ 구입가격} \times 100$$

┤ 보기 ├

중도매인 수취가격   도매상 판매가격   생산자 수취가격   소매상 판매가격

정답 생산자 수취가격

09 수산물도매시장의 구성에 관한 설명이다. (   )에 알맞은 용어를 〈보기〉에서 찾아 쓰시오. [2점]

구 분	설 명
(①)	수산물도매시장의 개설자로부터 지정을 받고 수산물을 위탁받아 상장하여 도매하거나 이를 매수하여 도매하는 법인
(②)	수산물도매시장의 개설자로부터 지정을 받고 수산물을 매수 또는 위탁받아 도매하거나 매매를 중개하는 영업을 하는 법인

┤ 보기 ├

중도매인   도매시장법인   조합공동사업법인   경매인   시장도매인

정답 ① 도매시장법인
② 시장도매인

해설 농수산물 유통 및 가격안정에 관한 법률 제2조(정의)
7. "도매시장법인"이란 제23조에 따라 농수산물도매시장의 개설자로부터 지정을 받고 농수산물을 위탁받아 상장(上場)하여 도매하거나 이를 매수(買受)하여 도매하는 법인(제24조에 따라 도매시장법인의 지정을 받은 것으로 보는 공공출자법인을 포함한다)을 말한다.
8. "시장도매인"이란 제36조 또는 제48조에 따라 농수산물도매시장 또는 민영농수산물도매시장의 개설자로부터 지정을 받고 농수산물을 매수 또는 위탁받아 도매하거나 매매를 중개하는 영업을 하는 법인을 말한다.

10 수산물 유통활동에 관한 내용이다. (   )에 알맞은 용어를 〈보기〉에서 찾아 쓰시오. [2점]

구 분	내 용
(①)	매매 거래에 관한 활동으로 생산물의 소유권 이전 활동
(②)	운송·보관·정보전달 기능을 수행하는 활동으로 생산물 자체의 이전에 관한 활동

┤ 보기 ├

물적유통활동   가공유통활동   상적유통활동   생산유통활동

정답 ① 상적유통활동 ② 물적유통활동

11 수산물·수산가공품 검사기준에 관한 고시에서 정한 '냉동 연육'의 관능검사기준 항목에 해당하는 것을 〈보기〉에서 모두 고르시오. [2점]

┤ 보기 ├

형태   향미   온도   잡물   탄력   육질

정답 형태, 온도, 잡물, 육질

해설 관능검사기준(냉동품 – 연육)

항 목	합 격
형 태	고기갈이 및 연마 상태가 보통 이상인 것
색 택	색택이 양호하고 변색이 없는 것
냄 새	신선하여 이취가 없는 것
잡 물	뼈 및 껍질 그 밖에 협잡물이 없는 것
육 질	절곡시험 C급 이상인 것으로 육질이 보통인 것
온 도	제품 중심온도가 -18℃ 이하인 것

12 수산시장에서 컨설팅을 담당하고 있는 수산물품질관리사는 3개의 판매상(A~C)이 취급하는 품목별 포장방법에서 수산물 표준규격에 맞지 않는 품목을 발견하였다. 다음 중 포장방법이 표준규격과 다른 판매상을 모두 고르시오. [2점]

> • A판매상: 북어를 10마리씩 화학사로 묶은 후 골판지 상자 속에 담아 상자의 덮개를 덮어 포장하였다.
> • B판매상: 새우젓을 1kg 단위로 플라스틱용기에 충전하여 뚜껑을 닫은 후 PVC 수축 포장을 했다.
> • C판매상: 골판지 상자에 굴비를 10마리씩 엮은 굴비 두름을 편평히 한 후 뚜껑을 덮어 포장 후 손잡이를 조립했다.

(정답) A판매상, B판매상

(해설) • 북어(10마리 포장). 내용물을 PE 속포장에 넣은 후 상하 20mm 이상 떨어진 곳을 열봉합하여 골판지 상자 속에 담아 상자의 덮개를 덮는다.
• 새우젓: 유리용기에 내용물을 충전하고 뚜껑을 닫은 후 PVC 수축 포장한다.
• 굴비(10마리 포장): 골판지 상자에 엮은 굴비 두름을 편평히 한 후 뚜껑을 덮고 손잡이를 조립한다.

13 톳을 가공하는 A업체에서는 고품질 원료 확보를 위해 수산물품질관리사에게 수산물·수산가공품 검사기준에 따라 마른톳을 공급하는 B업체 제품에 대한 관능검사 및 등급판정을 의뢰하였다. 관능검사 결과가 아래와 같을 때 해당 마른톳의 종합등급을 판정하시오. [2점]

> 협잡물이 없으며, 산지 및 채취의 계절이 동일하고 조체발육이 양호하며 고유의 색택으로서 우량하고 변질이 없음

(정답) • 종합등급: 2등
• 협잡물: 1등, 원료: 2등, 색택: 1등

(해설) **관능검사기준(건제품-마른톳)**

항 목	1등	2등	3등
원 료	산지 및 채취의 계절이 동일하고 조체발육이 우량한 것	산지 및 채취의 계절이 동일하고 조체발육이 양호한 것	산지 및 채취의 계절이 동일하고 조체발육이 보통인 것
색 택	고유의 색택으로서 우량하며 변질이 아니된 것	고유의 색택으로서 우량하며 변질이 아니된 것	고유의 색택으로서 보통이며 변질이 아니된 것
협잡물	다른 해조 및 토사 그 밖에 협잡물이 1% 이하인 것	다른 해조 및 토사 그 밖에 협잡물이 3% 이하인 것	다른 해조 및 토사 그 밖에 협잡물이 5% 이하인 것

14 간다시마와 간미역을 생산하는 P는 수산물품질관리사 C에게 수산물·수산가공품 검사기준에 관한 고시에 따른 관능검사 항목에 관하여 자문을 구하고 있다. (　)에 알맞은 말을 쓰시오. [2점]

> • P: 염장품 중에서 간다시마와 간미역의 검사 항목은 동일합니까?
> • C: 아니요, 그렇지 않습니다. 간미역의 경우에는 간다시마에 없는 관능검사 항목이 있습니다.
> • P: 그것이 무엇입니까?
> • C: 그것은 (　　　)(이)라는 검사 항목입니다.

(정답) 선별

(해설) • 간미역(줄기 포함) 항목: 원료, 색택, 선별, 협잡물, 향미, 처리
 • 그 밖의 간해조류: 원료, 색택, 협잡물, 향미, 처리

15 수산물 표준규격상 '수산물의 품목별 표준거래 단위'에서 20kg을 표준거래 단위로 사용하는 품목만을 아래 〈보기〉에서 모두 고르시오. [3점]

┤ 보기 ├

숭어　　　양태　　　삼치　　　조기　　　고등어

(정답) 삼치, 조기, 고등어

(해설) 수산물 표준규격(표준거래단위) [별표1]

종 류	품 목	표준거래 단위
선어류	고등어	5kg, 8kg, 10kg, 15kg, 16kg, 20kg
	삼치	5kg, 7kg, 10kg, 15kg, 20kg
	조기	10kg, 15kg, 20kg
	양태	3kg, 5kg, 10kg
	숭어	3kg, 5kg, 10kg

16 수산물·수산가공품 검사기준에 관한 고시에 따른 '마른김' 검사기준의 일부이다. 항목별 해당 등급을 쓰시오. [3점]

항 목	검사기준	해당 등급
색택	고유의 색택이 떨어지고 나부기 또는 사태가 전체 표면의 20% 이하인 것	(①)
청태의 혼입	청태의 혼입이 3% 이내인 것. 다만, 혼해태는 20% 이하인 것	(②)
향미	고유의 향미가 양호한 것	(③)

정답 ① 등외 ② 1등 ③ 2등

해설 검사기준(건제품-마른김)

항 목	검사기준				
	특등	1등	2등	3등	등외
색택	고유의 색택(흑색)을 띠고 광택이 우수하고 선명한 것	고유의 색택을 띠고 광택이 우량하고 선명한 것	고유의 색택을 띠고 광택이 양호하고 사태가 경미한 것	고유의 색택을 띠고 있으나 광택이 보통이고 사태나 나부기가 보통인 것	고유의 색택이 떨어지고 나부기 또는 사태가 전체 표면의 20% 이하인 것
청태의 혼입	청태(파래·매생이)의 혼입이 없는 것	청태의 혼입이 3% 이내인 것. 다만, 혼해태는 20% 이하인 것	청태의 혼입이 10% 이내인 것 다만 혼해태는 30% 이하인 것	청태의 혼입이 15% 이내인 것 다만 혼해태는 45% 이하인 것	청태의 혼입이 15% 이내인 것 다만 혼해태는 50% 이하인 것
향미	고유의 향미가 우수한 것	고유의 향미가 우량한 것	고유의 향미가 양호한 것	고유의 향미가 보통인 것	고유의 향미가 다소 떨어지는 것

17 수산물 표준규격상 신선 '바지락'에 대한 아래 항목별 등급규격에 해당하는 숫자를 쓰시오. [2점]

항 목	특	상	보통
1개의 크기(각장, cm)	4 이상	(①) 이상	3 이상
다른 크기의 것의 혼입률(%)	5 이하	10 이하	(②) 이하

정답 ① 3 ② 30

해설 바지락 등급규격

항 목	특	상	보통
1개의 크기(각장, cm)	4 이상	3 이상	3 이상
다른 크기의 것의 혼입률(%)	5 이하	10 이하	30 이하
손상 및 죽은패각 혼입률(%)	3 이하	5 이하	10 이하
공통규격	• 패각에 묻은 모래, 뻘 등이 잘 제거되어야 한다. • 크기가 균일하고 다른 종류의 것이 혼입이 없어야 한다. • 부패한 냄새 및 기타 다른 냄새가 없어야 한다.		

18 A업체의 수출용 '명란젓'에 대하여 수산물·수산가공품 검사기준에 관한 고시의 관능검사기준에 따라 검사한 결과가 다음과 같다. 검사 결과가 합격기준에 적합하면 ○, 적합하지 않으면 ×를 쓰시오. [3점]

항 목	검사 결과	판정
형태	크기가 고르고 생식소의 충전이 양호하고 파란 및 수란이 없었음	(①)
협잡물	협잡물이 거의 없었음	(②)
향미	고유의 향미를 가지고 이취가 없었음	(③)

정답 ① ○ ② × ③ ○

해설 관능검사기준(염장품 – 명란젓)

항 목	합 격
형 태	크기가 고르고 생식소의 충전이 양호하고 파란 및 수란이 적은 것
색 택	색택이 양호한 것
협잡물	협잡물이 없는 것
향 미	고유의 향미를 가지고 이취가 없는 것
처 리	처리상태 및 배열이 양호한 것
첨가물	제품에 고르게 침투한 것

19 A업체는 〈보기〉와 같은 조건으로 가공처리된 참다랑어를 수출하였다. 수산물·수산가공품 검사기준에 관한 고시상의 수산물 등의 표시기준에 의하면 '수산물이나 수산가공품에는 제품명·중량·원산지명 등'을 표시하여야 하나 A업체는 이를 생략한 채 수출이 가능하게 되었다. A업체가 표시를 생략할 수 있었던 이유를 간략히 쓰시오. [3점]

┤ 보기 ├

참다랑어를 아가미와 내장을 제거한 후에 선박을 이용하여 수출하였음
(단, 수입국에서 표시를 생략해 줄 것을 요구하지 않았음)

〔정답〕 수출품이 무포장 및 대형수산물이었다.

〔해설〕 수산물·수산가공품 검사기준에 관한 고시
제4조(수산물 등의 표시기준)
① 수산물 등에는 제품명, 중량(또는 내용량), 업소명(제조업소명 또는 가공업소명), 원산지명 등을 표시하여야 한다. 다만, 외국과의 협약 또는 수입국에서 요구하는 표시기준이 있는 경우에는 그 기준에 따라 표시할 수 있다.
② 제1항의 규정에도 불구하고 <u>무포장 및 대형수산물 또는 수입국에서 요구할 경우에는 그 표시를 생략할 수 있다.</u>

20 국립수산물품질관리원에서 A양식장의 넙치를 수거하여 정밀검사를 실시한 결과 총수은 검사 결과가 '0.6mg/kg'이었다. 수산물 안전성조사 업무처리 요령에 따라 조사기관장이 A양식장 생산자에게 전달한 분석 결과 통보사항에 따른 행정처분을 쓰시오. (단, 통보사항은 '적합', '부적합'에서 선택한다.) [3점]

정답 · 통보사항: 부적합
· 행정처분: 폐기 또는 판매금지

해설 안전성조사 잔류허용기준 및 대상품목(수산물 안전성조사 업무처리 세부실시요령)

항목	기준 및 규격	대상품목
중금속		
1) 총수은	0.5mg/kg 이하	어류·패류·연체류 ※ 심해성·다랑어류·새치류 제외
2) 메틸수은	1.0mg/kg 이하	심해성·다랑어류·새치류
3) 납	0.5mg/kg 이하	어류, 냉동식용어류머리
	1.0mg/kg 이하	갑각류 (다만, 내장을 포함한 꽃게류 2.0mg/kg 이하)
	2.0mg/kg 이하	패류·연체류(내장을 포함한 낙지)
4) 카드뮴	0.1mg/kg 이하	어류(민물 및 회유어류에 해당)
	0.2mg/kg 이하	어류(해양어류 해당)
	0.3mg/kg 이하	김(조미김 포함)
	1.0mg/kg 이하	갑각류 (다만, 내장을 포함한 꽃게류 5.0mg/kg 이하)
	2.0mg/kg 이하	패류, 연체류 (다만, 내장을 포함한 낙지는 3.0mg/kg 이하)

농수산물품질관리법 제63조(안전성조사 결과에 따른 조치)
① 식품의약품안전처장이나 시·도지사는 생산과정에 있는 농수산물 또는 농수산물의 생산을 위하여 이용·사용하는 농지·어장·용수·자재 등에 대하여 안전성조사를 한 결과 생산단계 안전기준을 위반하였거나 유해물질에 오염되어 인체의 건강을 해칠 우려가 있는 경우에는 해당 농수산물을 생산한 자 또는 소유한 자에게 다음 각 호의 조치를 하게 할 수 있다.

수산물 안전성조사 업무처리 요령 제12조(부적합 수산물의 처리 등)
① 제10조제3항에 따라 부적합 내역을 통보받은 이해관계인 및 시·도지사 또는 시장·군수·구청장은 생산단계 수산물 등에 대해서는 규칙 제10조제1항에 따른 출하연기, 폐기, 용도전환 등의 조치를 하고, 저장 및 출하되어 거래되기 이전단계 수산물에 대해서는 유통 및 판매금지와 폐기 등의 조치를 하여야 한다.
1. 해당 농수산물의 폐기, 용도 전환, 출하 연기 등의 처리
2. 해당 농수산물의 생산에 이용·사용한 농지·어장·용수·자재 등의 개량 또는 이용·사용의 금지
2의2. 해당 양식장의 수산물에 대한 일시적 출하 정지 등의 처리
3. 그 밖에 총리령으로 정하는 조치

21 일반음식점인 A식당은 수입산 갈치와 국산 참조기를 각각 조리하여 원산지를 표시하지 않고 판매·제공하던 중 수산물 원산지 표시 2차 위반으로 적발되었다. 농수산물의 원산지 표시에 관한 법령상 조사기관의 장이 A식당을 대상으로 원산지 표시 위반에 따라 부과할 수 있는 과태료 금액을 쓰시오. (단, 2차 위반으로 적발된 날은 1차 위반행위로 과태료 부과처분을 받은 날로부터 1년을 넘지 않았고, 감경조건은 고려하지 않는다.) [5점]

정답 120만 원

해설 원산지 표시 위반에 따른 과태료 부과기준 시행령 [별표2] 〈개정 2021. 12. 31.〉

위반행위	근거 법조문	과태료			
		1차 위반	2차 위반	3차 위반	4차 이상 위반
10) 넙치, 조피볼락, 참돔, 미꾸라지, 뱀장어, 낙지, 명태, 고등어, 갈치, 오징어, 꽃게, 참조기, 다랑어, 아귀 및 주꾸미의 원산지를 표시하지 않은 경우		품목별 30만 원	품목별 60만 원	품목별 100만 원	

22 농수산물 품질관리법령상 유전자 변형 수산물의 표시 위반에 따라 처분을 받은 자 중 공표명령 대상자에 해당하는 기준을 1가지만 쓰시오. [5점]

정답 1. 표시위반물량이 10톤 이상인 경우
2. 표시위반물량의 판매가격 환산금액이 5억 원 이상인 경우
3. 적발일을 기준으로 최근 1년 동안 처분을 받은 횟수가 2회 이상인 경우

해설 법 제22조(공표명령의 기준·방법 등)
① 법 제59조제2항에 따른 공표명령의 대상자는 같은 조 제1항에 따라 처분을 받은 자 중 다음 각 호의 어느 하나의 경우에 해당하는 자로 한다.
1. 표시위반물량이 농산물의 경우에는 100톤 이상, 수산물의 경우에는 10톤 이상인 경우
2. 표시위반물량의 판매가격 환산금액이 농산물의 경우에는 10억 원 이상, 수산물인 경우에는 5억 원 이상인 경우
3. 적발일을 기준으로 최근 1년 동안 처분을 받은 횟수가 2회 이상인 경우

23 식해, 젓갈, 액젓은 식염을 첨가하여 발효시킨 수산발효식품이다. 식해, 젓갈, 액젓의 제조 방법의 차이점을 각각 서술하시오. [5점]

> (정답) 1. 식해: 생선을 토막친 다음 조·밥 등의 전분질과 소금·고춧가루·무 등을 넣고 버무려 삭힌 음식이다.
> 2. 젓갈: 어패류의 살·알·창자 등을 소금에 짜게 절여 상온에서 일정 기간 동안 발효시킨 식품의 총칭 이다.
> 3. 액젓: 젓갈과 동일하나 어패류를 1년 이상 숙성·액화시켜 어패류의 근육을 완전히 분해시킨다.

24 냉동굴은 일반적으로 동결 후처리 공정에서 동결물의 표면에 얼음막 처리(glazing)를 하여 제조한다. 냉동굴의 제조 공정 중 얼음막 처리를 실시하는 목적 2가지만 쓰시오. [5점]

> (정답) 1. 동결품의 건조 및 유소현상 방지
> 2. 변색 방지

25 연근해 수산물은 일반적으로 어획 후 산지수협 위판장을 경유하여 소비지 시장으로 이동된다. 산지수협 위판장의 주요 기능을 3가지만 쓰시오. [5점]

> (정답) 1. 수산물의 양륙 및 배열기능
> 2. 중계(도매)기능
> 3. 계통출하 중심기능
> 4. 거래형성기능
> 5. 대금결제기능

26 국립수산물품질관리원에 '은대구'의 정밀검사가 의뢰되었다. 정밀검사용 검체 전처리와 시험항목은 아래와 같다. 정밀검사용 검체채취 요령 및 안전성조사 잔류허용기준의 항목에 맞지 않은 부분을 찾아 수정하시오. (답안 예시: ○○ → △△) [5점]

〈중금속 시험방법〉

머리, 꼬리, 내장, 비늘, 껍질을 모두 제거한 근육부를 균질화하여 납, 카드뮴, 총수은에 대한 분석을 실시하였다.

> (정답) 어류는 머리, 꼬리, 내장, 뼈, 비늘을 제거한 후 껍질을 포함한 근육부위를 균질화하여 시험검체로 하고 납, 카드뮴, 수은, 메틸수은에 대한 분석을 실시하였다.

정밀검사는 채취된 검체 전체에서 먹을 수 있는 부위만을 취해 균질화한 후 그 중 일정량을 1개의 시험검체로 한다. 다만, 어류는 머리, 꼬리, 내장, 뼈, 비늘을 제거한 후 껍질을 포함한 근육부위를 시험검체로 하고, 이때 검체를 물에서 꺼낸 경우나, 물로 씻은 경우에는 표준체(20mesh 또는 이와 동등한 것)에 얹어 물을 제거한 후 균질화한다.

27 국립수산물품질관리원 검사관은 수산물·수산가공품 검사기준에 관한 고시에 따라 냉동갈치에 대한 관능검사를 실시한 후 불합격 판정을 하였다. 불합격 판정을 받은 항목을 찾고, 그 항목의 합격기준을 쓰시오. (단, 주어진 항목 이외에는 합격·불합격 판정에 고려하지 않는다.) [5점]

항 목	검사 결과
형 태	고유의 형태를 가지고 손상과 변형이 거의 없었음
선 별	크기가 대체로 고르고 다른 종류가 다소 혼입되었음
잡 물	혈액 등의 처리가 잘 되고 그 밖에 협잡물이 거의 없었음
온 도	중심온도의 측정 결과는 -19℃ 이었음

정답 불합격 항목과 합격기준
 • 선별: 크기가 대체로 고르고 다른 종류가 혼입되지 아니한 것
 • 잡물: 혈액 등의 처리가 잘 되고 그 밖에 협잡물이 없는 것

해설 관능검사기준(냉동품 – 어·패류)

항 목	합 격
형 태	고유의 형태를 가지고 손상과 변형이 거의 없는 것
색 택	고유의 색택으로 양호한 것
선 별	크기가 대체로 고르고 다른 종류가 혼입되지 아니한 것
선 도	선도가 양호한 것
잡 물	혈액 등의 처리가 잘 되고 그 밖에 협잡물이 없는 것
건조 및 유소	그레이징이 잘되어 건조 및 유소현상이 없는 것 다만, 건조 및 유소를 방지할 수 있도록 포장한 것은 제외한다
온 도	중심온도가 -18℃ 이하인 것 다만, 횟감용 참치류의 중심온도는 -40℃ 이하인 것

28 수산물을 운송하는 Y업체는 수산물 표준규격상 등급규격 항목 중 '1개 또는 1마리의 크기'의 기준에 따라 〈보기〉의 수산물을 3대의 운송차(A~C)에 나눠서 '품목별 운송차 배송계획'대로 운송하고자 한다. 운송할 품목을 포함한 Y업체의 배송계획에 대하여 서술하시오. (답안 예시: A운송차에 '□□', B운송차에 '○○', C운송차에 '△△'(을)를 실어 운송한다.) [5점]

┤ 보기 ├

| 신선꼬막 | 마른문어 | 북어 |

〈품목별 운송차 배송계획〉

- A운송차: 등급별 크기 기준이 모두 동일(공통규격 적용)한 품목
- B운송차: 등급별 크기 기준이 일부 다른 품목
- C운송차: 등급별 크기 기준이 모두 다른 품목

정답) A운송차에 '마른문어', B운송차에 '북어', C운송차에 '신선꼬막'(을)를 실어 운송한다.

해설 **등급별 크기 기준(공통규격)**

항목(꼬막)	특	상	보 통
1개의 크기(각장, cm)	3 이상	2.5 이상	2 이상

항목(북어)	특	상	보 통
1마리의 크기(전장, cm)	40 이상	30 이상	30 이상

항목(마른문어)	특	상	보 통
공통규격	• 크기는 30cm 이상이어야 하며 균일한 것으로 묶어야 한다. • 토사 및 기타 협잡물이 없어야 한다. • 수분: 23% 이하		

29 수산물 표준규격에 따라 수산물품질관리사가 냉동오징어 1상자를 검품한 결과 색택·선도·형태는 양호하였으며, '1마리의 무게 및 다른 크기 혼입률' 항목의 검품 결과는 다음과 같았다. 항목별 등급과 그 판정 이유를 쓰고, 종합등급을 판정하시오. (단, 주어진 항목 이외에는 종합등급 판정에 고려하지 않는다.) [5점]

항목별 검품 결과	판정 등급	판정 이유	종합등급
1마리의 무게 분포: 280~330g	(①)	(③)	(⑤)
다른 크기의 것의 혼입률: 18%	(②)	(④)	

※ 판정 이유(③, ④): 수산물 표준규격상 기준과 그 기준에 해당하는 등급을 기재
(답안 예시: ○○○g(%) 이상(이하)에 해당하므로 △등급임)

정답 ① 상 ② 보통 ③ 특 320 이상에는 미치지 못하고 상 270 이상은 충족
④ 보통 혼입률 30 이하에 해당 ⑤ 보통

해설 냉동오징어 등급규격

항 목	특	상	보통
1마리의 무게(g)	320 이상	**270 이상**	230 이상
다른 크기의 것의 혼입률(%)	0	10 이하	**30 이하**
색택	우량	양호	보통
선도	우량	양호	보통
형태	우량	**양호**	보통
공통규격	• 크기가 균일하고 배열이 바르게 되어야 한다. • 부패한 냄새 및 기타 다른 냄새가 없어야 한다. • 보관온도는 -18℃ 이하이어야 한다.		

30 수산물·수산가공품 검사기준에 관한 고시에서 관능검사기준에 따라 마른멸치(중멸)에 대한 관능검사 결과이다. 이 제품에 대한 항목별 등급(①~④)을 쓰고 종합등급(⑤) 및 그 이유(⑥)를 서술하시오. (단, 협잡물 등 다른 조건은 고려하지 않는다.) [5점]

항 목	검사 결과	등급
형 태	중멸: 51mm 이상으로서 다른 크기의 혼입 또는 머리가 없는 것이 2%이었음	(①)
색 택	자숙이 적당하여 고유의 색택이 우량하고 기름이 피지 아니하였음	(②)
향 미	고유의 향미가 양호하였음	(③)
선 별	이종품의 혼입이 거의 없었음	(④)
종합등급	(⑤)	
이 유	(⑥)	

※ 판정 이유(⑥): ○○항목은 ○등이고 △△항목은 △등이므로 종합등급은 ◇등으로 판정

정답 ① 2등 ② 1등 ③ 2등 ④ 3등 ⑤ 3등
⑥ 선별 항목은 3등이고 형태 항목은 2등, 색택 항목은 1등, 향미 항목은 2등이므로 종합등급은 3등으로 판정

해설 관능검사기준(건제품 – 마른멸치)

항 목	1등	2등	3등
형 태	• 대멸: 77mm 이상 • 중멸: 51mm 이상 • 소멸: 31mm 이상 • 자멸: 16mm 이상 • 세멸: 16mm 미만으로서 다른 크기의 혼입 또는 머리가 없는 것이 1% 이내인 것	• 대멸: 77mm 이상 • 중멸: 51mm 이상 • 소멸: 31mm 이상 • 자멸: 16mm 이상 • 세멸: 16mm 미만으로서 다른 크기의 혼입 또는 머리가 없는 것이 3% 이내인 것	• 대멸: 77mm 이상 • 중멸: 51mm 이상 • 소멸: 31mm 이상 • 자멸: 16mm 이상 • 세멸: 16mm 미만으로서 다른 크기의 혼입 또는 머리가 없는 것이 5% 이내인 것
색 택	자숙이 적당하여 고유의 색택이 우량하고 기름이 피지 아니한 것	자숙이 적당하여 고유의 색택이 양호하고 기름핀 정도가 적은 것	자숙이 적당하여 고유의 색택이 보통이고 기름이 약간 핀 것
향 미	고유의 향미가 우량한 것	고유의 향미가 양호한 것	고유의 향미가 보통인 것
선 별	이종품의 혼입이 없는 것	이종품의 혼입이 없는 것	이종품의 혼입이 거의 없는 것
협잡물	토사 및 그 밖에 협잡물이 없는 것		

※ 단답형 문제에 대해 답하시오. (1~20번 문제)

01 농수산물 품질관리법령상 유전자변형수산물의 표시 위반에 대한 처분에 관한 설명이다. 옳으면 ○, 틀리면 ×를 표시하시오. [3점]

번 호	설 명
(①)	식품의약품안전처장은 유전자변형수산물의 표시 및 거짓표시등의 금지에 관한 규정을 위반한 자에 대하여 유전자변형수산물 표시의 이행·변경·삭제 등 시정명령 처분을 할 수 있다.
(②)	해양수산부장관은 유전자변형수산물의 표시 및 거짓표시등의 금지에 관한 규정을 위반하여 법률에서 정한 처분을 받은 자에게 해당 처분을 받았다는 사실을 공표할 것을 명할 수 있다.
(③)	유전자변형수산물의 표시 위반에 대한 처분을 받은 자 중 표시위반물량이 10톤 이상이거나, 표시위반물량의 판매가격 환산금액이 5억 원 이상인 경우에는 해당 처분을 받았다는 사실에 대한 공표명령 대상자가 된다.

정답 ① ○ ② × ③ ○

해설 법 제59조(유전자변형농수산물의 표시 위반에 대한 처분)
① 식품의약품안전처장은 제56조 또는 제57조를 위반한 자에 대하여 다음 각 호의 어느 하나에 해당하는 처분을 할 수 있다.
  1. 유전자변형농수산물 표시의 이행·변경·삭제 등 시정명령
  2. 유전자변형 표시를 위반한 농수산물의 판매 등 거래행위의 금지
② 식품의약품안전처장은 제57조를 위반한 자에게 제1항에 따른 처분을 한 경우에는 처분을 받은 자에게 해당 처분을 받았다는 사실을 공표할 것을 명할 수 있다.
③ 식품의약품안전처장은 유전자변형농수산물 표시의무자가 제57조를 위반하여 제1항에 따른 처분이 확정된 경우 처분내용, 해당 영업소와 농수산물의 명칭 등 처분과 관련된 사항을 대통령령으로 정하는 바에 따라 인터넷 홈페이지에 공표하여야 한다. 〈개정 2013. 3. 23.〉
④ 제1항에 따른 처분과 제2항에 따른 공표명령 및 제3항에 따른 인터넷 홈페이지 공표의 기준·방법 등에 필요한 사항은 대통령령으로 정한다.

대통령령 제22조(공표명령의 기준·방법 등)

① 법 제59조제2항에 따른 **공표명령의 대상자**는 같은 조 제1항에 따라 처분을 받은 자 중 다음 각 호의 어느 하나의 경우에 해당하는 자로 한다.

1. 표시위반물량이 농산물의 경우에는 100톤 이상, 수산물의 경우에는 10톤 이상인 경우
2. 표시위반물량의 판매가격 환산금액이 농산물의 경우에는 10억 원 이상, 수산물인 경우에는 5억 원 이상인 경우
3. 적발일을 기준으로 최근 1년 동안 처분을 받은 횟수가 2회 이상인 경우

02

농수산물 품질관리법령상 국립수산물품질관리원장 또는 시·도지사는 생산·가공시설과 위해요소중점관리기준 이행시설의 대표자로 하여금 다음 사항을 보고하게 할 수 있다. (   )에 알맞은 용어를 〈보기〉에서 찾아 쓰시오. [2점]

1. 수산물의 생산·가공시설 등에 대한 생산·(①)·제조 및 가공 등에 관한 사항
2. 생산·가공시설등의 중지·개선·(②)명령등의 이행에 관한 사항

┤ 보기 ├

| 등록 | 조사 | 보수 | 영업정지 | 생산제한 | 원료입하 |

정답 ① 원료입하 ② 보수

해설 시행규칙 제89조(위생관리에 관한 사항 등의 보고)

법 제75조제1항에 따라 국립수산물품질관리원장 또는 시·도지사(이하 "조사·점검기관의 장"이라 한다)는 영 제42조의 구분에 따라 다음 각 호의 사항을 생산·가공시설과 위해요소중점관리기준 이행시설(이하 "생산·가공시설등"이라 한다)의 대표자로 하여금 보고하게 할 수 있다.

1. 수산물의 생산·가공시설등에 대한 생산·원료입하·제조 및 가공 등에 관한 사항
2. 제93조에 따른 생산·가공시설등의 중지·개선·보수명령등의 이행에 관한 사항

03 농수산물의 원산지 표시에 관한 법령상 음식점에서 수산물이나 그 가공품을 조리하여 판매·제공하는 경우에는 원료의 원산지를 표시하여야 한다. 다음 〈보기〉 중 음식점에서 조리하여 판매·제공할 경우 원산지를 표시하여야 하는 대상을 모두 찾아 쓰시오. [3점]

┤ 보기 ├

| 황태찜 | 갈치조림 | 아귀찜 | 전복죽 | 주꾸미볶음 | 문어숙회 |

(정답) 갈치조림, 아귀찜, 주꾸미볶음

(해설) 대통령령 제3조(원산지의 표시대상)
③항
8. 넙치, 조피볼락, 참돔, 미꾸라지, 뱀장어, 낙지, 명태(황태, 북어 등 건조한 것은 제외한다. 이하 같다), 고등어, 갈치, 오징어, 꽃게, 참조기, 다랑어, 아귀 및 주꾸미(해당 수산물가공품을 포함한다. 이하 같다)
9. 조리하여 판매·제공하기 위하여 수족관 등에 보관·진열하는 살아있는 수산물

04 동건품은 겨울철 야간에 식품 중의 수분을 동결시킨 후 주간에 녹이는 작업을 여러 번 되풀이하여 수분을 제거, 건조시킨 제품이다. 이와 같은 가공원리를 이용하여 만드는 수산가공품을 〈보기〉에서 모두 찾아 쓰시오. [2점]

┤ 보기 ├

| 굴비 | 과메기 | 마른멸치 | 마른오징어 | 한천 | 황태 |

(정답) 황태, 한천, 과메기

(해설) 건제품의 종류

건제품	건조방법	종류
소건품	수산물을 아무런 전처리 없이 그대로 건조한 제품	마른오징어, 마른대구, 마른김, 마른미역 등
자건품	자숙한 후 건조한 제품	마른멸치, 마른해삼, 마른새우, 마른패주 등
동건품	**자연적 기후조건 또는 기계적으로 동결 및 해동을 반복하여 건조한 제품**	**황태, 한천, 과메기 등**
염건품	소금에 절인 후 건조한 제품	굴비, 염건고등어 등
훈건품	훈연하면서 건조한 제품	훈연오징어, 훈연굴 등
조미건제품	조미 후 건조한 제품	조미오징어, 조미쥐치 등
배건품	불에 구워서 건조한 제품	가쓰오부시 등

05 어패류가 어획되어 사후에 일어나는 변화를 사후변화라고 한다. 어패류의 사후변화 과정에 관한 설명이 옳으면 ○, 틀리면 ×를 표시하시오. [3점]

번 호	설 명
(①)	해당작용과 같은 효소계에 의한 생화학적 변화부터 시작한다.
(②)	사직후(死直後)부터 완전경직까지를 신선한 상태라고 하고, 이는 활어와 동등한 가치가 있다.
(③)	완전경직부터 생체 내의 효소에 의한 조직 연화까지의 상태를 선어패류라 한다.
(④)	해경과 더불어 세균이 증식하여 부패에 이르게 된다.

정답 ① ○ ② ○ ③ ○ ④ ×

해설 세균이 증식하여 부패에 이르는 단계는 자가소화 이후 부패 단계이다.

수산물의 사후변화 과정

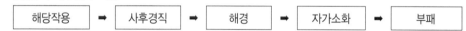

해당작용 ➡ 사후경직 ➡ 해경 ➡ 자가소화 ➡ 부패

06 어패류의 화학적 선도판정법인 K값에 관한 설명이다. ( )에 알맞은 용어를 〈보기〉에서 찾아 쓰시오. [3점]

> K값은 사후에 어육 중에 함유되어 있는 아테노신 삼인산(ATP)의 분해 정도를 이용하여 선도를 판정하는 방법으로 총 ATP 분해생성물에 대한 (①)과 하이포크산틴 양의 백분율로 나타낸다. 일반적으로 횟감으로 쓸 수 있는 어육의 최대 K값은 (②)% 전후이다. 휘발성염기질소의 측정이 주로 초기부패의 판정법이라면 이 방법은 사후 어육의 (③)(을)를 조사하는 방법이라고 할 수 있다.

┤ 보기 ├

아테노신 이인산(ADP)	아테노신 일인산(AMP)	이노신	이노신산
10	20	35	50
조직연화율	신선도	자가소화율	경직도

정답 ① 이노신 ② 20 ③ 신선도

해설 K값 판정법: 활어 횟감 등에 주로 적용(K값이 20 정도에서 초밥용 사용이 가능하다.)
K값은 전체 ATP 분해산물 함량에 대한 이노신과 히포크산틴의 비율로 나타낸다.
ⓐ ATP의 사후 분해과정
ATP → ADP → AMP → IMP → 이노신(HxR) → 히포크산틴(Hx)
ⓑ K값(%) = 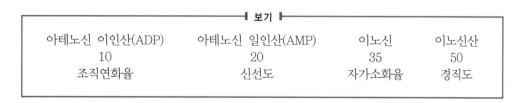 $\dfrac{\text{이노신+히포크산틴}}{\text{ATP+ADP+AMP+IMP+이노신+히포크산틴}} \times 100$

07 수산물 유통의 기능에 관한 설명이다. 어떤 기능을 설명하고 있는지 각각 쓰시오. [2점]

번 호	설 명
(①)	수산물 생산의 조업 시기와 비조업 시기 등과 같은 시간의 거리를 연결시켜 주는 기능
(②)	연안수산물과 같이 생산이 소량 분산적으로 이루어지는 수산물의 소집합을 커다란 집합으로 모으는 기능

정답 ① 저장기능 ② 수집기능

08 수산물 경매에 관한 설명이다. 맞으면 ○, 틀리면 ×를 표시하시오. [2점]

번 호	내 용
(①)	네덜란드식 경매는 경매참가자들이 판매물에 대해 공개적으로 자유롭게 매수희망가격을 제시하여 최고의 높은 가격을 제시한 자를 최종 입찰자로 결정하는 방식이다.
(②)	영국식 경매는 경쟁 시작가격을 결정하고 입찰자가 나타날 때까지 가격을 내려가면서 제시하는 방식이다.
(③)	한·일식 경매는 경매참가자들이 경쟁적으로 가격을 높게 제시하고, 경매사는 그들이 제시한 가격을 공표하면서 경매를 진행시키는 방식이다.

정답 ① × ② × ③ ○

해설 • 네덜란드식 경매: 가격을 낮춰가면서 낙찰자를 구하는 방식이다.
• 영국식 경매: 경쟁 시작가격을 결정하고 최고 입찰자가 나타날 때까지 가격을 올려 가면서 제시하는 방식이다.

09 수산물 유통효율을 향상시키는 방법에 관한 내용이다. 맞으면 ○, 틀리면 ×를 표시하시오. [3점]

번 호	내 용
(①)	유통마진을 일정하게 하고, 유통성과를 증가시킨다.
(②)	유통성과 감소 이상으로 유통마진을 감소시킨다.
(③)	유통성과를 일정하게 하고, 유통마진을 증가시킨다.

정답 ① ○ ② ○ ③ ×

해설 유통효율: 유통마진 대비 유통성과가 크다면 유통이 효율적이다.

10 수산물 도매시장의 구성원과 역할에 관한 설명이다. (   )에 알맞은 용어를 쓰시오. [2점]

> 수산물 도매시장의 구성원은 도매시장법인, 시장도매인, 중도매인, 매매참가인, (①)으로 구성되며, (①)은 수집 · (②), 정보전달, 산지개발을 하는 역할을 가지고 있다.

정답 ① 산지유통인 ② 출하

해설 "산지유통인"이란 농수산물도매시장 · 농수산물공판장 또는 민영농수산물도매시장의 개설자에게 등록하고, 농수산물을 수집하여 농수산물도매시장 · 농수산물공판장 또는 민영농수산물도매시장에 출하(出荷)하는 영업을 하는 자를 말한다.

11 A수산물품질관리사는 건제품의 품질관리를 위하여 국립수산물품질관리원에 검사를 의뢰하고자 한다. 수산물 · 수산가공품 검사기준에 관한 고시에서 규정하고 있는 정밀검사기준에 따라 이산화황(SO_2) 검사를 받아야 하는 수산가공품을 〈보기〉에서 모두 찾아 쓰시오. [2점]

> ┤ 보기 ├
>
> 조미쥐치포류   마른김   마른미역류
> 마른새우류   실한천   건어포류

정답 조미쥐치포류, 건어포류, 마른새우류

해설 이산화황(SO_2): 조미쥐치포류, 건어포류, 기타건포류, 마른새우류(두절 포함) 검사기준(30mg/kg 미만)

12 국립수산물품질관리원은 A양식장의 송어에 대한 안전성조사 결과 '전량 폐기' 행정처분을 통보하였다. 송어 양식장의 안전성조사 결과, 전량 폐기에 해당하는 유해물질을 〈보기〉에서 모두 찾아 쓰시오. [3점]

> ┤ 보기 ├
>
> 클로람페니콜   독시싸이클린   겐타마이신
> 말라카이트그린   니트로푸란

정답 클로람페니콜, 말라카이트그린, 니트로푸란

해설 **축산물 및 동물성 수산물과 그 가공식품 중 검출되어서는 아니 되는 물질**
독시사이클린 허용기준(0.05mg/kg), 겐타마이신[넙치, 송어](0.1mg/kg)

1. 니트로푸란계: 푸라졸리돈, 푸랄타돈, 니트로푸라존, 니트로푸란토인, 니트로빈

2. 카바독스
3. 올라퀸독스
4. 클로람페니콜
5. 클로르프로마진
6. 클렌부테롤
7. 콜치산
8. 답손
9. 디에틸스틸베스트롤
10. 에드록시프로게스테론 아세테이트
11. 티오우라실
12. 겐티안 바이올렛
13. 말라카이트그린

14. 메틸렌블루
15. 디메트리다졸
16. 이프로니다졸
17. 메트로니다졸
18. 로니다졸
19. 노르플록사신
20. 오플록사신
21. 페플록사신
22. 피리메타민
23. 반코마이신
24. 록사손
25. 아르사닐산

13 활어·패류의 관능검사를 수산물·수산가공품 검사기준에 따라 실시한다. 활감성돔의 관능검사 항목에 해당하는 것을 〈보기〉에서 모두 찾아 쓰시오. [3점]

┤ 보기 ├
색택　　　　선별　　　　선도　　　　활력도　　　　외관　　　　중량

정답 선별, 외관, 활력도

해설 **관능검사기준(활어·패류)**

항　목	합　격
외　관	손상과 변형이 없는 형태로서 병·충해가 없는 것
활력도	살아 있고 활력도가 양호한 것
선　별	대체로 고르고 이종품의 혼입이 없는 것

14 A회사에 소속된 수산물품질관리사는 굴 양식장의 생산단계 안전관리를 위하여 출하 전 검사기관에 패류독소 분석을 의뢰하여 굴 채취여부를 결정하고자 한다. 마비성패류독소(PSP)와 설사성패류독소(DSP)의 기준치를 쓰시오. [2점]

정답) • 마비성패류독소: 0.8mg/kg 이하
     • 설사성패류독소: 0.16mg/kg 이하

해설) **패류독소 기준**
   ㉠ 마비성패류독소: 패류, 피낭류(멍게, 미더덕, 오만둥이 등) 0.8mg/kg 이하
   ㉡ 설사성패류독소: 이매패류 0.16mg/kg 이하
   ㉢ 기억상실성패류독소: 패류, 갑각류 20mg/kg 이하

15 수산물 표준규격에서 규정한 '고막(꼬막)'의 등급규격 중 아래 제시한 '크기' 항목에 대한 (①) 해당등급을 선택하고, (②) 공통규격에 해당되는 것을 〈보기〉에서 모두 찾아 쓰시오. (단, 공통규격은 해당 ㄱ~ㄹ만 쓰시오.) [3점]

항 목	해당등급
1개의 크기(각장) 3.2cm	특 상 보통

┤ 보기 ├

ㄱ. 패각에 묻는 모래, 뻘 등이 잘 제거되어야 한다.
ㄴ. 보관온도는 -5℃ 이하이어야 한다.
ㄷ. 부패한 냄새 및 기타 다른 냄새가 없어야 한다.
ㄹ. 중량이 균일하여야 한다.

정답) ① 특 ② ㄱ, ㄷ

해설) **꼬막 등급규격**

항 목	특	상	보통
1개의 크기(각장, cm)	3 이상	2.5 이상	2 이상
다른 크기의 것의 혼입률(%)	5 이하	10 이하	30 이하
손상 및 죽은패각 혼입률(%)	3 이하	5 이하	10 이하
공통규격	•패각에 묻은 모래, 뻘 등이 잘 제거되어야 한다. •크기가 균일하고 다른 종류의 것이 혼입이 없어야 한다. •부패한 냄새 및 기타 다른 냄새가 없어야 한다.		

16 수산물 표준규격 중 수산물의 종류별 등급규격이 정해져 있다. 등급항목 중 '색택'에 대한 규격이 없는 수산물을 〈보기〉에서 모두 찾아 쓰시오. [2점]

| 보기 |

| 굴비 | 마른문어 | 생굴 | 바지락 | 냉동오징어 | 새우젓 |

정답 | 새우젓, 바지락

17 수산물·수산가공품 검사기준에 관한 고시에서 규정하고 있는 건제품의 합격기준에 관한 내용이다. 합격기준에 적합하면 ○, 적합하지 않으면 ×를 쓰시오. [2점]

〈합격기준〉
- (①): 마른어류(어포 포함)의 형태는 형태가 바르고 손상이 적으며 충해가 약간 있는 것
- (②): 마른굴 및 마른홍합의 색택은 고유의 색택으로 백분이 없고 기름이 피지 아니한 것
- (③): 마른해삼류의 향미는 고유의 향미를 가지고 이취가 5% 있는 것

정답 | ① × ② ○ ③ ×

해설 | 수산물·수산가공품 검사기준
[마른어류(어포 포함)]

항 목	합 격
형 태	형태가 바르고 손상이 적으며 충해가 없는 것
색 택	고유의 색택이 양호한 것
협잡물	토사 및 그 밖에 협잡물이 없는 것
향 미	고유의 향미를 가지고 이취가 없는 것

[마른굴 및 마른홍합]

항 목	합 격
형 태	형태가 바르고 크기가 고르며 파치품 혼입이 거의 없는 것
색 택	고유의 색택으로 백분이 없고 기름이 피지 아니한 것
협잡물	토사 및 협잡물이 없는 것
향 미	고유의 향미를 가지고 이취가 없는 것

[마른해삼류]

항 목	합 격
형 태	형태가 바르고 크기가 고른 것
색 택	고유의 색택이 양호하고 백분이 심하지 아니한 것
협잡물	토사·곰팡이 및 그 밖에 협잡물이 없는 것
향 미	고유의 향미를 가지고 이취가 없는 것

18 농수산물 품질관리법상 수산물검사는 수산물 및 수산가공품에 대한 검사의 종류 및 방법을 규정하고 있다. 이 규정에 따라 국립수산물품질관리원장은 수산물 및 수산가공품에 대한 검사를 서류검사, 관능검사 및 정밀검사로 실시할 수 있다. 이 중 "검사신청인 또는 외국요구기준에서 분석증명서를 요구하는 수산물 및 수산가공품"을 대상으로 하는 (①) 검사 방법과 이 (②) 검사의 정의를 쓰시오. [3점]

(정답) ① 정밀검사
② 정밀검사의 정의: "정밀검사"란 물리적·화학적·미생물학적 방법으로 그 적합 여부를 판정하는 검사

(해설) **정밀검사**
가. "정밀검사"란 물리적·화학적·미생물학적 방법으로 그 적합 여부를 판정하는 검사로서 다음의 수산물·수산가공품을 그 대상으로 한다.
1) 검사신청인 또는 외국요구기준에서 분석증명서를 요구하는 수산물 및 수산가공품
2) 관능검사 결과 정밀검사가 필요하다고 인정되는 수산물 및 수산가공품
3) 외국요구기준에 따라 수출된 수산물 및 수산가공품에서 유해물질이 검출된 경우 그 수산물 및 수산가공품의 생산·가공시설에서 생산·가공되는 수산물
　가. 정밀검사는 다음과 같이 한다.
　　외국요구기준에서 정한 검사방법이 있는 경우에는 그 방법으로 하고, 그 방법이 없을 때에는 「식품위생법」 제14조에 따른 식품등의 공전(公典)에서 정한 검사방법으로 한다.

19 수산물 · 수산가공품 검사기준에 관한 고시에서 규정하고 있는 용어의 정의이다. ( )에 들어갈 내용을 쓰시오. [2점]

(①)이라 함은 어육에 소량의 소금 및 부재료를 넣고 갈아서 만든 고기풀을 (②)시켜 만든 탄성 있는 겔 상태의 가공품을 말한다.

정답 ① 어육연제품 ② 가열 · 응고

해설 용어의 정의

어패류	"어 · 패류"라 함은 어류 · 패류 · 갑각류 및 연체류 등의 수산동물을 말한다.
신선 · 냉장품	"신선 · 냉장품"이라 함은 얼음 등을 이용하여 신선상태를 유지하거나 동결되지 아니하도록 10℃ 이하로 냉장한 수산동 · 식물을 말한다.
냉동품	"냉동품"이라 함은 수산동 · 식물을 원형 · 처리 또는 가공하여 동결시킨 제품을 말한다.
건제품	"건제품"이라 함은 수산동 · 식물의 수분을 감소시키기 위하여 건조하거나 단순히 삶거나, 굽거나, 염장하여 말린 제품을 말한다.
염장품	"염장품"이라 함은 수산동 · 식물을 식염 또는 식염수를 이용하여 절이거나 식염 또는 식염과 주정을 가하여 숙성시켜 만든 제품을 말한다.
조미가공품	"조미가공품"이라 함은 수산동 · 식물에 조미료를 첨가하여 조림 · 건조 또는 구워서 만든 제품 및 패류 자숙 시 유출되는 액의 유효성분을 농축하여 만든 간장류(쥬스류) 등의 제품을 말한다.
어간유 · 어유	"어간유 · 어유"라 함은 수산동물의 간장에서 추출한 유지 또는 이를 원료로 하여 농축한 것(어간유)과 수산동물의 간장을 제외한 어체에서 추출한 유지(어유)를 말한다.
어분 · 어비	"어분 · 어비"라 함은 어류 및 기타 수산동물을 자숙 · 압착 · 건조하여 분쇄한 것(어분)과 어류 및 기타 수산동물을 자숙 · 압착 · 건조하여 비료로 사용하는 것(어비)을 말한다.
한천	"한천"이라 함은 홍조류 중의 한천성분(다당류)을 물리적 또는 화학적 방법에 의하여 추출 · 응고 및 건조시켜 만든 제품을 말한다.
어육연제품	"어육연제품"이라 함은 어육에 소량의 소금 및 부재료를 넣고 갈아서 만든 고기풀을 가열 · 응고시켜 만든 탄성 있는 겔 상태의 가공품을 말한다.
통 · 병조림품	"통 · 병조림품"이라 함은 수산동 · 식물을 관 또는 병에 넣어 탈기 · 밀봉 · 살균 · 냉각 등의 가공공정을 거쳐 만든 제품을 말한다.

20 수산물 표준규격상 '생굴'의 포장규격을 나타낸 것이다. 다음 (   )에 들어갈 내용을 쓰시오. [3점]

> 포장 재료는 KS T1093(포장용 폴리에틸렌 필름) 중 1종인 저밀도 폴리에틸렌으로 하여 모양은 튜브상을 사용한다. 폴리에틸렌 필름 봉투의 강도는 두께 0.05mm 이상, (①) 170kg/cm^2 이상, 신장율 (②)% 이상, 인열강도(보통) (③)kg/cm 이상으로 한다.

정답 ① 인장강도 ② 250 ③ 170

해설 **생굴의 포장규격**

PE 필름: KS T1093(포장용 폴리에틸렌 필름)에 규정된 1종인 저밀도 폴리에틸렌으로 하여 모양은 튜브 상을 사용하며 PE 필름 봉투의 강도는 두께 0.05mm 이상, 인장강도 1,670N/cm^2 이상, 신장율 250% 이상, 인열강도(보통) 690N/cm 이상으로 한다. 또한 필름은 무착색의 것을 표준으로 한다.

참고로 1kg은 9.8N이므로 690N은 170kg이다.

21 농수산물 품질관리법령상 해양수산부장관이 지리적표시권자의 지리적표시품 표시방법 위반행위에 대하여 ① 1차 위반 시 시정명령을 할 수 있는 경우와 ② 3차 위반 시 등록 취소를 할 수 있는 경우를 각각 쓰시오. [5점]

정답 ① 의무표시사항이 누락된 경우 ② 내용물과 다르게 거짓표시나 과장된 표시를 한 경우

해설 지리적표시품 시정명령 등

위반행위	행정처분 기준		
	1차 위반	2차 위반	3차 위반
1) 법 제32조제3항 및 제7항에 따른 지리적표시품 생산계획의 이행이 곤란하다고 인정되는 경우	등록 취소		
2) 법 제32조제7항에 따라 등록된 지리적표시품이 아닌 제품에 지리적표시를 한 경우	등록 취소		
3) 법 제32조제9항의 지리적표시품이 등록 기준에 미치지 못하게 된 경우	표시정지 3개월	등록 취소	
4) 법 제34조제3항을 위반하여 의무표시사항이 누락된 경우	**시정명령**	표시정지 1개월	표시정지 3개월
5) 법 제34조제3항을 위반하여 내용물과 다르게 거짓표시나 과장된 표시를 한 경우	표시정지 1개월	표시정지 3개월	**등록 취소**

22 부산시 기장군에서 횟집을 운영하는 A씨는 완도에서 양식한 넙치와 중국에서 수입한 농어, 일본에서 수입한 참돔으로 모둠회(10만 원/4인분 기준)를 구성하여 판매하고자 한다. 이를 메뉴판에 기재할 때, A씨가 써야 할 원산지 표시방법을 농수산물의 원산지 표시에 관한 법령에 명시된 기준으로 쓰시오. [5점]

정답 모둠회(넙치: 국산, 참돔: 일본산)

해설 • 넙치, 조피볼락 및 참돔 등을 섞은 경우 각각의 원산지를 표시한다.
  (예시) 모둠회(넙치: 국내산, 조피볼락: 중국산, 참돔: 일본산)
• 농어는 원산지 표시대상이 아니다.
※ 원산지 표시대상 수산물
  넙치, 조피볼락, 참돔, 미꾸라지, 뱀장어, 낙지, 명태, 고등어, 갈치, 오징어, 꽃게, 참조기, 다랑어, 아귀 및 주꾸미

23 수산물의 동결 공정은 일반적으로 원료어의 선별에서 냉동팬에 넣기까지의 전처리 공정과 동결에서 저장까지의 후처리 공정으로 나누어진다. 전처리 또는 후처리 공정에서 행하는 동결 수산물의 보호처리 방법 5가지만 쓰시오. [5점]

> **정답** 1. 글레이징 처리
> 2. 급속동결
> 3. 저장온도를 -18℃ 이하로 유지
> 4. 보존제 등 식품첨가물의 사용
> 5. 불가식부의 제거
> 6. 수세 후 탈수하여 저장

24 수산물 통조림의 가공 저장 중 일어나는 품질 변화 현상에 관한 내용이다. ( )에 올바른 용어를 쓰시오. [5점]

> 어패류를 가열하면 육 단백질이 분해되어 (①)가 발생할 수 있으며, 이는 원료의 선도가 나쁠수록, 그리고 pH가 높을수록 많이 발생한다. 이 성분이 통조림 용기의 (②)과 결합하면 캔 내면에 (③)이 일어난다. 이 현상을 일으키기 쉬운 원료는 참치, 게, 새우 및 바지락 등이 있으며, 이를 방지하기 위해서는 (④)캔을 사용해야 한다.

> **정답** ① 황화수소 ② 철 또는 주석 ③ 흑변 ④ 에나멜

> **해설** ㉠ 어류패 가열 시 단백질이 분해되면서 발생하는 황화수소가 캔의 철 또는 주석과 결합하여 캔 내면에 흑변이 일어난다.
> ㉡ 원료의 선도가 나쁠수록 pH가 높을수록 많이 발생한다.
> ㉢ 원료로 참치, 새우, 게, 바지락 등을 이용 시 흑변을 일으키기 쉽다.
> ㉣ C-에나멜 캔 또는 V-에나멜 캔의 사용으로 흑변을 예방할 수 있다.
> ㉤ 게살 통조림의 경우 가공 시 황산지에 게살을 감싸는 것은 황화수소의 차단으로 흑변을 방지하기 위함이다.

25 수산물 유통경로에서 산지시장의 역할을 3가지만 서술하시오. [5점]

> **정답** 1. 어획물의 양륙과 진열기능
> 2. 거래형성기능(도매와 소매)
> 3. 대금결제기능(1차적인 가격형성)
> 4. 판매기능(산지위판장 등을 통한 판매)

26 A수산물품질관리사가 '굴비'를 수산물 표준규격 기준 조건으로 포장하여 출하하고자 할 때, 등급규격 '상'에 해당하는 굴비제품의 항목별 등급기준을 서술하시오. (단, 공통규격은 제외한다.) [5점]

정답 등급기준
① 1마리의 크기(전장, cm): 15 이상
② 다른 크기의 것의 혼입률(%): 10 이하
③ 색택: 양호

해설 굴비 등급규격

항 목	특	상	보통
1마리의 크기(전장, cm)	20 이상	15 이상	15 이상
다른 크기의 것의 혼입률(%)	0	10 이하	30 이하
색택	우량	양호	보통
공통규격	• 고유의 향미를 가지고 다른 냄새가 없어야 한다. • 크기가 균일한 것으로 엮어야 한다.		

27 A수산물품질관리사는 수산물 품질인증심사를 준비하는 B수산물가공공장에 심사기준 등에 대한 컨설팅을 하고 있다. A수산물품질관리사가 컨설팅 해야 할 수산물 품질인증 세부기준에 따른 공장심사기준 8가지 항목을 서술하시오. [5점]

정답 1. 원료 확보
2. 생산시설 및 자재
3. 작업장 환경 및 종사자의 위생관리
4. 생산자 자질 및 품질관리상태
5. 자체품질 관리수준
6. 품질관리열의도
7. 출하여건 및 판매처 확보
8. 대외신용도

해설 [별표 2] 공장심사기준

항목	심사기준	평가
1. 원료 확보	가. 원료 확보가 충분하여 제품생산에 지장이 없는 경우	수
	나. 현재 원료 확보는 충분하지 않으나 계획된 제품을 생산에는 지장이 없는 경우	우
	다. 원료 확보가 미흡하여 제품생산에 다소 차질이 우려되는 경우	미
	라. 위의 "다"에 미달한 경우	양
2. 생산시설 및 자재	가. 해당 수산물의 품질수준 확보 및 유지를 위한 생산기술과 시설·자재를 충분히 갖추고 있는 경우	수
	나. 해당 수산물의 품질수준 확보 및 유지를 위한 생산기술과 시설·자재를 충분히 갖추고 있지는 않으나 품질수준을 확보할 수 있는 경우	우
	다. 해당 수산물의 품질수준 확보 및 유지를 위한 생산기술과 시설·자재는 부족하나 단기간 내에 보완이 가능하여 목표로 하는 품질수준을 확보할 수 있는 경우	미
	라. 위의 "다"에 미달한 경우	양
3. 작업장 환경 및 종사자의 위생관리	가. 주변 환경 및 폐기물로부터 오염의 우려가 없으며, 생산시설 및 종업원에 대한 위생관리가 우수한 경우	수
	나. 주변 환경 및 폐기물로부터 오염의 우려가 없으며, 생산시설 및 종업원에 대한 위생관리가 양호한 경우	우
	다. 주변 환경 및 폐기물로부터 오염의 우려가 없고, 생산시설 및 종업원에 대한 위생관리 상태가 다소 미흡하나 단기간에 보완이 가능한 경우	미
	라. 위의 "다"에 미달한 경우	양
4. 생산자 자질 및 품질관리상태	가. 생산경력이 5년 이상이고, 건실한 생산자 또는 생산자 단체로서 고품질의 제품생산 의지가 확고하고 생산제품의 품질관리가 우수한 경우	수
	나. 생산경력이 3년 이상이고, 건실한 생산자 또는 생산자단체로서 고품질의 제품생산 의지는 있고 생산제품의 품질관리가 양호한 경우	우
	다. 생산경력이 1년 이상이고, 고품질의 제품생산 의지는 있으나, 생산제품의 품질관리가 아직 충분하지 못한 경우	미
	라. 위의 "다"에 미달한 경우	양
5. 자체품질 관리수준	가. 해당 수산물의 생산·출하과정에서 자체품질관리체제와 유통 중 이상품에 대한 사후관리체제가 우수한 경우	수
	나. 해당 수산물의 생산·출하과정에서 자체품질관리체제와 유통 중 이상품에 대한 사후관리체제가 양호한 경우	우
	다. 해당 수산물의 생산·출하과정에서 자체품질관리체제와 유통 중 이상품에 대한 사후관리체제가 미흡한 경우	미
	라. 인증기준을 위반하여 인증취소 처분을 받고 2년을 경과하지 아니하거나 위의 "다"에 미달한 경우	양

항목	심사기준	평가
6. 품질관리열의도	가. 수산물품질관리사를 고용하여 품질관리하거나 품질관리 교육에 참여한 실적이 있어 우량제품생산 및 출하에 대한 열의가 높은 경우	수
	나. 품질관리 교육에 참여한 실적은 있으나, 우량 제품생산 및 출하에 대한 열의가 보통인 경우	우
	다. 품질관리 교육에 참여한 실적은 있으나, 우량 제품생산 및 출하에 대한 열의가 미흡한 경우	미
	라. 위의 "다"에 미달한 경우	양
7. 출하여건 및 판매처 확보	가. 판매처가 충분히 확보되어 있고, 품질인증품 요청물량을 지속적으로 공급할 수 있으며, 생산계획량 출하에 전혀 지장이 없는 경우	수
	나. 판매처는 충분히 확보되어 있지 않으나, 추가로 판매망 확보가 가능하여 생산계획량 출하에 지장이 없는 경우	우
	다. 판매처의 확보는 미흡하나, 판로개척의 가능성이 있어 생산계획량을 무리 없이 출하할 수 있는 경우	미
	라. 위의 "다"에 미달한 경우	양
8. 대외신용도	가. 자체상표를 개발하여 사용한 기간이 3년 이상이며, 대외신용도가 매우 높고 심사일 기준으로 과거 3년 동안 감독기관으로부터 행정처분을 받은 사실이 없는 경우	수
	나. 자체상표를 개발하여 사용한 기간이 1년 이상이며, 대외신용도가 높고 심사일 기준으로 과거 2년 동안 행정처분을 받은 사실이 없는 경우	우
	다. 자체상표를 개발 중이거나 대외신용도가 보통이며, 심사일 기준으로 과거 1년 동안 행정처분을 받은 사실이 없는 경우	미
	라. 위의 "다"에 미달한 경우	양

28 수산물 가공업체에 근무하고 있는 A수산물품질관리사가 '마른김' 제품을 관능검사한 결과이다. 수산물·수산가공품 검사기준에 관한 고시에서 규정한 관능검사기준에 따라 이 제품에 대한 항목별 개별등급(①~④)을 쓰고, 종합판정등급(⑤) 및 그 이유(⑥)를 서술하시오. (단, 중량, 협잡물 등 다른 조건은 고려하지 않는다.) [5점]

항 목	검사 결과	등급
형 태	길이 206mm 이상, 너비 189mm 이상이고 형태가 바르며 축파지, 구멍기가 없는 것. 다만, 대판은 길이 223mm 이상, 너비 195mm 이상인 것	①
색 택	고유의 색택을 띄고 광택이 양호하고 사태가 경미한 것	②
향 미	고유의 향미가 보통인 것	③
청태의 혼입	청태의 혼입이 15% 이내인 것. 다만, 혼해태는 45% 이하인 것	④

① 특등 ② 2등 ③ 3등 ④ 3등

해설 관능검사기준(건제품 – 마른김 및 얼구운김)

항 목	검사기준				
	특등	1등	2등	3등	등외
형태	길이 206mm 이상, 너비 189mm 이상이고 형태가 바르며 축파지, 구멍기가 없는 것 다만, 대판은 길이 223mm 이상, 너비 195mm 이상인 것	길이 206mm 이상, 너비 189mm 이상이고 형태가 바르며 축파지, 구멍기가 없는 것. 다만, 재래식은 길이 260mm 이상, 너비 190mm 이상, 대판은 길이 223mm 이상, 너비 195mm 이상인 것	좌와 같음	좌와 같음	길이 206mm, 너비 189mm이나 과도하게 가장자리를 치거나 형태가 바르지 못하고 경미한 축파지 및 구멍기가 있는 제품이 약간 혼입된 것. 다만, 재래식과 대판의 길이 및 너비는 1등에 준한다.
색택	고유의 색택(흑색)을 띄고 광택이 우수하고 선명한 것	고유의 색택을 띄고 광택이 우량하고 선명한 것	고유의 색택을 띄고 광택이 양호하고 사태가 경미한 것	고유의 색택을 띄고 있으나 광택이 보통이고 사태나 나부기가 보통인 것	고유의 색택이 떨어지고 나부기 또는 사태가 전체 표면의 20% 이하인 것
청태의 혼입	청태(파래·매생이)의 혼입이 없는 것	청태의 혼입이 3% 이내인 것. 다만, 혼해태는 20% 이하인 것	청태의 혼입이 10% 이내인 것. 다만, 혼해태는 30% 이하인 것	청태의 혼입이 15% 이내인 것. 다만, 혼해태는 45% 이하인 것	청태의 혼입이 15% 이내인 것. 다만, 혼해태는 50% 이하인 것
향미	고유의 향미가 우수한 것	고유의 향미가 우량한 것	고유의 향미가 양호한 것	고유의 향미가 보통인 것	고유의 향미가 다소 떨어지는 것

29 수산물·수산가공품 검사기준에 관한 고시에서 규정하고 있는 '냉장갈치'의 관능검사 항목을 〈보기〉에서 모두 찾아 쓰고, 각 항목별 합격기준을 쓰시오. [5점]

┤ 보기 ├

액즙	색택	정미량	선별	잡물
냄새	활력도	온도	형태	선도

정답
- 형태: 손상과 변형이 없고 처리상태가 양호한 것
- 색택: 고유의 색택으로 양호한 것
- 선도: 선도가 양호한 것
- 선별: 크기가 대체로 고르고 다른 종류가 혼입되지 아니한 것
- 잡물: 혈액 등의 처리가 잘 되고 그 밖에 협잡물이 없는 것
- 냄새: 신선하여 이취가 없는 것

해설 관능검사기준(신선·냉장품)

항 목	합 격
형 태	손상과 변형이 없고 처리상태가 양호한 것
색 택	고유의 색택으로 양호한 것
선 도	선도가 양호한 것
선 별	크기가 대체로 고르고 다른 종류가 혼입되지 아니한 것
잡 물	혈액 등의 처리가 잘 되고 그 밖에 협잡물이 없는 것
냄 새	신선하여 이취가 없는 것

30 A수산물품질관리사는 수산물의 품질인증을 신청하기 위하여 횟감용 수산물 중 냉동품에 대하여 품질검사를 실시하였다. 수산물의 품질인증 세부기준에 따라 공통규격에 대한 품질을 아래와 같이 평가한 결과, 인증기준에 적합하지 않은 항목을 찾아 맞게 수정하시오.
(수정 예, □□□: ○○○ → △△△) [5점]

〈횟감용 냉동품 품질검사 기록〉

① 원료: 국산 원료를 사용하였다.
② 형태: 고유의 형태를 가지고 손상과 변형이 없다.
③ 건조 및 기름절임(유소): 표면이 건조되어 있고, 기름기가 보였다.
④ 협잡물: 혈액 등의 처리가 잘되어 있고 그 밖의 협잡물이 없다.
⑤ 동결포장: -18℃에서 완만동결하여 위생적인 용기에 포장하였다.

정답　② 형태: 없다. → 거의 없다.
　　　③ 건조 및 기름절임(유소): 보였다. → 없어야 한다.
　　　⑤ 동결포장: -18℃에서 완만동결 → -35℃ 이하에서 급속동결

해설
[냉동품 품질인증기준]

구 분	품질기준
공통 규격	• 원료: 국산이어야 한다. • 형태: 고유의 형태를 가지고 손상과 변형이 없고 처리상태가 양호한 것이어야 한다. • 색깔: 고유의 색택으로 양호한 것이어야 한다. • 선별: 크기가 대체로 고른 것이어야 한다. • 선도: 선도가 양호한 것이어야 한다. • 협잡물: 혈액 등의 처리가 잘 되고 그 밖의 협잡물이 없어야 한다. • 건조 및 기름절임(유소): 그레이징이 잘 되어 있고 건조 및 기름절임 현상이 없어야 한다. • 동결포장: -35℃ 이하에서 급속동결하여 위생적인 용기에 포장하여야 한다. • 정밀검사: 「식품위생법」제7조제1항에서 정한 기준·규격에 적합하여야 한다.

수산물품질관리사 2차 시험 기출문제

※ 단답형 문제에 대해 답하시오. (1~20번 문제)

01 농수산물품질관리법령상 수산물의 지리적표시 등록 거절 결정 사유에 관한 내용이다. ( )에 올바른 용어를 쓰시오. [2점]

> 등록 신청된 지리적표시가 (①)에 따라 먼저 출원되었거나 등록된 타인의 상표와 같거나 비슷한 경우, 국내에 널리 알려진 타인의 (②) 또는 지리적표시와 같거나 비슷한 경우에는 등록 거절을 결정하여 신청자에게 알려야 한다.

정답 ① 상표법 ② 상표

해설 법 제32조 제9항(지리적표시의 등록 거절 사유)
농림축산식품부장관 또는 해양수산부장관은 제3항에 따라 등록 신청된 지리적표시가 다음 각 호의 어느 하나에 해당하면 등록의 거절을 결정하여 신청자에게 알려야 한다.
1. 제3항에 따라 먼저 등록 신청되었거나, 제7항에 따라 등록된 타인의 지리적표시와 같거나 비슷한 경우
2. 「상표법」에 따라 먼저 출원되었거나 등록된 타인의 상표와 같거나 비슷한 경우
3. 국내에서 널리 알려진 타인의 상표 또는 지리적표시와 같거나 비슷한 경우
4. 일반명칭[농수산물 또는 농수산가공품의 명칭이 기원적(起原的)으로 생산지나 판매장소와 관련이 있지만 오래 사용되어 보통명사화된 명칭을 말한다]에 해당되는 경우
5. 제2조제1항제8호에 따른 지리적표시 또는 같은 항 제9호에 따른 동음이의어 지리적표시의 정의에 맞지 아니하는 경우
6. 지리적표시의 등록을 신청한 자가 그 지리적표시를 사용할 수 있는 농수산물 또는 농수산가공품을 생산·제조 또는 가공하는 것을 업(業)으로 하는 자에 대하여 단체의 가입을 금지하거나 가입조건을 어렵게 정하여 실질적으로 허용하지 아니한 경우

02 농수산물품질관리법령상 품질인증품의 의무표시사항 누락으로 1차 시정명령 처분을 받고, 최근 1년간 같은 위반행위를 하였을 경우의 행정처분 기준을 ( )에 쓰시오. (단, 경감사유는 고려하지 않는다.) [2점]

1차 위반	2차 위반	3차 위반
시정명령	표시정지 (①)월	표시정지 (②)월

해설 시행령 [별표 1] (시정명령 등의 처분 기준)

위반행위	근거 법조문	행정처분 기준		
		1차 위반	2차 위반	3차 위반
1) 법 제14조제3항을 위반하여 의무표시사항이 누락된 경우	법 제31조 제1항제3호	시정명령	표시정지 1월	표시정지 3월
2) 법 제14조제3항에 따른 품질인증을 받지 아니한 제품을 품질인증품으로 표시한 경우	법 제31조 제1항제3호	인증취소		
3) 법 제14조제4항에 따른 품질인증기준에 위반한 경우	법 제31조 제1항제1호	표시정지 3월	표시정지 6월	
4) 법 제16조제4호에 따른 품질인증품의 생산이 곤란하다고 인정되는 사유가 발생한 경우	법 제31조 제1항제2호	인증취소		
5) 법 제29조제1항을 위반하여 내용물과 다르게 거짓표시 또는 과장된 표시를 한 경우	법 제31조 제1항제3호	표시정지 1월	표시정지 3월	인증취소

03 A식당은 꽃게를 탕용 및 찜용으로 조리하여 판매·제공하고 있다. 국립수산물품질관리원 소속 조사공무원으로부터 원산지 표시 위반(내용: 미표시)으로 적발되었다. 농수산물의 원산지 표시에 관한 법령상 국립수산물품질관리원장이 A식당을 대상으로 원산지 표시 위반에 따른 과태료 부과 외에 조치할 수 있는 처분 명령을 쓰시오. [3점]

정답 표시의 이행·변경·삭제 등 시정명령

해설 법 제9조(원산지 표시 등의 위반에 대한 처분 등)
① 농림축산식품부장관, 해양수산부장관, 관세청장, 시·도지사 또는 시장·군수·구청장은 제5조나 제6조를 위반한 자에 대하여 다음 각 호의 처분을 할 수 있다. 다만, 제5조제3항을 위반한 자에 대한 처분은 제1호에 한정한다.
1. 표시의 이행·변경·삭제 등 시정명령
2. 위반 농수산물이나 그 가공품의 판매 등 거래행위 금지

법 제5조(원산지 표시)
③ 식품접객업 및 집단급식소 중 대통령령으로 정하는 영업소나 집단급식소를 설치·운영하는 자는 다음 각 호의 어느 하나에 해당하는 경우에 그 농수산물이나 그 가공품의 원료에 대하여 원산지(소고기는 식육의 종류를 포함한다. 이하 같다)를 표시하여야 한다. 다만, 「식품산업진흥법」 제22조의2 또는 「수산식품산업의 육성 및 지원에 관한 법률」 제30조에 따른 원산지인증의 표시를 한 경우에는 원산지를 표시한 것으로 보며, 소고기의 경우에는 식육의 종류를 별도로 표시하여야 한다.

04

등록된 지리적표시품이 농수산물품질관리법령에 위반되어 행정처분을 하려고 할 때, 조치할 수 있는 행정처분의 종류 1가지만 쓰시오. (단, 등록취소는 제외한다.) [2점]

정답 시정명령, 판매금지, 표시정지

해설 법 제40조(지리적표시품의 표시 시정 등)

농림축산식품부장관 또는 해양수산부장관은 지리적표시품이 다음 각 호의 어느 하나에 해당하면 대통령령으로 정하는 바에 따라 시정을 명하거나 판매의 금지, 표시의 정지 또는 등록의 취소를 할 수 있다.

1. 제32조에 따른 등록기준에 미치지 못하게 된 경우
2. 제34조제3항에 따른 표시방법을 위반한 경우
3. 해당 지리적표시품 생산량의 급감 등 지리적표시품 생산계획의 이행이 곤란하다고 인정되는 경우

05

수산물을 구성하고 있는 육의 조직과 성분에 관한 설명이다. 옳으면 ○, 틀리면 ×를 표시하시오. [2점]

번호	설 명
(①)	어류의 근원섬유를 구성하고 있는 주요 단백질은 콜라겐이다.
(②)	계절이나 어체의 부위에 따라 지방보다는 단백질 함유량의 변화가 더 크다.
(③)	굴과 바지락의 내장에는 베네루핀이라는 독 성분이 있을 수 있다.
(④)	혈액 색소인 헤모시아닌은 철이 함유되어 있어 게, 새우, 오징어 등에서 청색을 띤다.

정답 ① × ② × ③ ○ ④ ×

해설 ① 어류의 단백질
- 근장 단백질: 글로빈, 마이오젠
- 근원섬유 단백질: 엑틴
- 유기 단백질: 콜라겐, 엘라스틴

② 계절이나 어체의 부위에 따라 단백질이나 무기질, 탄수화물의 변화보다는 지방 함유량의 변화가 더 크다.

④ 헤모시아닌은 구리를 함유한 단백질로, 갑각류나 연체동물의 혈액에 함유되어 있으며 산소의 운반에 관여하고, 포르피린 고리를 가지고 있지 않으며 무색이지만 산소와 결합하면 옅은 청색이 된다. 어류에는 철을 함유한 헤모글로빈이 함유되어 있고, 붉은색을 띤다.

06 수산식품의 포장재로 사용되는 플라스틱 필름 또는 필름을 가공한 것에 관한 설명이다. (   )에 알맞은 용어를 〈보기〉에서 찾아 쓰시오. [3점]

┨ 보기 ┠
폴리에틸렌   오블레이트   적층필름 폴리에스테르   연신필름   폴리염화비닐

1. 폴리스티렌: 가볍고 단단한 투명재료이나 충격에 약하며, 기체 투과성이 커서 진공 포장이나 가스치환 포장에는 적당하지 못한 필름이다.
2. (①): 제조법에 따라 고압법, 중압법, 저압법으로 나누어진다. 수분 차단성과 내화학성, 열접착성이 좋으며, 가격이 저렴하지만 기체 투과성이 큰 특징이 있다. 밀도가 낮은 이 필름은 내한성이 커서 냉동식품 포장에 많이 사용된다.
3. (②): 통조림과 같이 고온에서도 살균이 가능한 유연 포장으로 제품의 수명이 길고, 사용 시 재가열, 개봉 등이 용이해 레토르트 파우치에 많이 쓴다.

정답 ① 폴리에틸렌 ② 폴리에스테르

해설

필름의 종류	표기	특징
폴리에틸렌	PE	• 물과 수증기 차단성 우수 • 산소 차단성은 낮음
폴리프로필렌	PP	PE보다 경도, 인장강도, 투명성이 양호
폴리스티렌	PS	수증기 속에서 가열할 때 열전도 저항성이 큰 EPS가 됨
폴리에스테르	PET	• 기계적 강도가 우수 • 내열성, 기체 수증기 차단성, 유기용제 저항성이 높다.

07 수산물 통조림의 가공 및 보관 과정 중 발생할 수 있는 품질의 변화와 변형관을 설명한 것이다. ( )에 알맞은 용어를 〈보기〉에서 찾아 쓰시오. [3점]

> 1. (①): 어육에서 발생한 황화수소와 어육이나 캔에 존재하는 금속성분이 결합하여 발생하는 현상을 말한다.
> 2. (②): 가열처리로 어육 중의 수용성 단백질이 응고하고 이곳을 어육 내부에서 발생한 가스가 통과하면서 만든 통로가 여러 개의 작은 구멍을 만드는 현상을 말한다.
> 3. (③): 가열 살균 후에 급격히 증기를 배출해 캔의 내압이 외압보다 커져서 캔의 몸통 부분이 불룩하게 튀어나온 현상을 말한다.

┤ 보기 ├

허니콤   버클캔   어드히전   스트루바이트   패널캔   흑변

정답 ① 흑변 ② 허니콤 ③ 버클캔

해설 ① 흑변: 흑변(Sulfide spoilage 또는 black stains)은 통조림 내용물 중 단백질 등이 환원돼 생성된 황화수소 가스와 용기 내부에서 용출된 철 등 금속성분이 결합해 검은색의 황화철을 형성함으로써 나타나는 현상으로 수산물, 옥수수, 육류 통조림에서 주로 나타난다.
② 허니콤: 참치 통조림 등에서 어육의 표면에 벌집 모양의 작은 구멍이 생기는 현상
③ 버클캔: 캔의 외압보다 내압이 커져서 캔 몸통 부분이 불룩하게 튀어나온 현상

08 어패류는 시간의 변화에 따라 근육의 성분이 분해되어 새로운 물질이 생성되거나 성분이 변화하게 되는데 이를 화학적으로 측정하여 선도를 판정할 수 있다. 수산물의 화학적 선도 판정법 3가지를 쓰시오. [3점]

정답 1. pH 측정법
2. 휘발성염기질소(VBN, volatile basic nitrogen) 측정법
3. 트리메틸아민(TMA, trimethylamine) 측정법
4. K값 판정법

해설 • pH 측정법: 어패류의 생육 시 pH는 7.2~7.4인데 사후 젖산의 생성으로 pH가 내려갔다가 부패가 시작으로 염기성질소화합물이 생성되면서 다시 상승한다.
• 휘발성염기질소(VBN, volatile basic nitrogen) 측정법: 휘발성염기질소는 수산물이 함유하고 있는 단백질, 요소, 아미노산, TMAO 등이 분해되어 생성되는 물질을 말하며, 주요 성분은 암모니아, TMA, DMA(dimethylamine) 등이다.
• 트리메틸아민(TMA, trimethylamine) 측정법: 트리메틸아민은 신선 어육에는 거의 존재하지 않으나 사후 세균에 의해 TMAO가 환원되어 생성되며, 그 증가율이 암모니아보다 커서 선도판정에 적합하다.
• K값 판정법: K값은 전체 ATP 분해산물 함량에 대한 이노신(inosine)과 히포크산틴(hypoxanthine)의 비율로 나타낸다.

09 수산물 유통기능은 수산물의 생산과 소비 사이의 여러 가지 거리를 연결시켜 주는 것이다. 각 기능에 해당하는 것을 〈보기〉에서 찾아 쓰시오. [3점]

기능	의미
운송 기능	(①)의 거리
보관 기능	(②)의 거리
거래 기능	(③)의 거리
정보전달 기능	(④)의 거리
집적, 분할 기능	(⑤)의 거리

┤ 보기 ├

장소   시간   인식
소유권   품질   수량

정답 ① 장소 ② 시간 ③ 소유권 ④ 인식 ⑤ 수량

10 수산물 유통정보에 관한 설명이다. (   )에 알맞은 용어를 〈보기〉에서 찾아 쓰시오. [2점]

수산물 유통정보는 생산자, 유통업자, 소비자, 정책입안자, 연구자 등에게 합리적인 의사결정을 하도록 도와준다. 이러한 수산물 유통정보가 그 기능을 충분히 발휘하기 위해서는 정보로서의 기본적인 요건을 갖추어야 한다. 수산물 유통정보가 갖추어야 할 4가지 요건에는 적시성, 정확성, (①), (②)이 있다.

┤ 보기 ├

적절성   획일성   통합성   극비성

정답 ① 적절성 ② 통합성

해설 유통정보
• 적시성: 정보는 유용한 시기에 활용 가능하여야 한다.
• 정확성: 정보는 오류가 없는 상태이어야 한다.
• 적절성: 정보는 유통과정에 활용 가능한 정도의 양을 가져야 한다.
• 통합성: 정보는 분산적이지 않고 구성요소들 간에 서로 모순·갈등·충돌이 없는 소극적 특징만을 가리키는 것이 아니라 그들이 의미 있게 서로 연결되어 상호보조적인 정도가 높아야 한다.
• 완전성: 정보는 필요한 요소를 모두 갖추어 부족함이나 결함이 없는 상태이어야 한다.

11 수산물 · 수산가공품 검사기준에 관한 고시에 규정된 관능검사기준에 관한 설명이다. (　)에 올바른 내용을 쓰시오. [3점]

품 목	항 목	합격기준
냉동어 · 패류	온도	중심온도는 (①)℃ 이하인 것
냉동연육	육질	절곡시험 (②)급 이상인 것으로 육질이 보통인 것
마른돌김	이종품의 혼입	청태 및 종류가 다른 김의 혼입이 (③)% 이하인 것

정답 ① -18 ② C ③ 5

해설 관능검사기준

[냉동 · 어패류]

항 목	합 격
형 태	고유의 형태를 가지고 손상과 변형이 거의 없는 것
색 택	고유의 색택으로 양호한 것
선 별	크기가 대체로 고르고 다른 종류가 혼입되지 아니한 것
선 도	선도가 양호한 것
잡 물	혈액 등의 처리가 잘 되고 그 밖에 협잡물이 없는 것
건조 및 유소	글레이징이 잘되어 건조 및 유소현상이 없는 것 다만, 건조 및 유소를 방지할 수 있도록 포장한 것은 제외한다
온 도	**중심온도가 -18℃ 이하인 것** **다만, 횟감용 참치류의 중심온도는 -40℃ 이하인 것**

[냉동 · 연육]

항 목	합 격
형 태	고기갈이 및 연마 상태가 보통이상인 것
색 택	색택이 양호하고 변색이 없는 것
냄 새	신선하여 이취가 없는 것
잡 물	뼈 및 껍질 그 밖에 협잡물이 없는 것
육 질	**절곡시험 C급 이상인 것으로 육질이 보통인 것**
온 도	제품 중심온도가 -18℃ 이하인 것

[마른돌김]

항 목	합 격
형 태	1. 초제상태가 양호하여 제품의 형태가 대체로 바른 것 2. 구멍기가 심하지 아니한 것
색 택	고유의 색택을 띄고 광택이 양호하며 사태 및 나부끼의 혼입이 거의 없는 것
협잡물	토사 · 패각 등 협잡물의 혼입이 없는 것
이종품의 혼입	**청태 및 종류가 다른 김의 혼입이 5% 이하인 것**
향 미	고유의 향미를 가지고 이취가 없는 것

12 수산물·수산가공품 검사기준에 관한 고시에 규정된 염장품 '명란젓'에 대한 관능검사기준 중 '형태' 항목의 합격기준과 관련된 용어를 〈보기〉에서 찾아 쓰시오. [2점]

┤ 보기 ├

생식소   정미량   조체발육   이종품   파란   잡어

(정답) 생식소, 파란

(해설) 관능검사기준(염장품 – 명란젓 및 명란맛젓)

항 목	합 격
형 태	크기가 고르고 생식소의 충전이 양호하고 파란 및 수란이 적은 것
색 택	색택이 양호한 것
협잡물	협잡물이 없는 것
향 미	고유의 향미를 가지고 이취가 없는 것
처 리	처리상태 및 배열이 양호한 것
첨가물	제품에 고르게 침투한 것

13 수산물·수산가공품 검사기준에 관한 고시에 규정된 '마른김 및 얼구운김'의 관능검사 항목의 일부이다. (   )에 올바른 내용을 쓰시오. [2점]

항 목	합격기준
결속	10매를 1첩으로 하고 10첩을 (①)으로 하여 강인한 대지로 묶는다. 다만, 수요자의 요청에 따라 첩 단위 또는 평첩의 상태로 포장할 수 있다.
결속대지 및 문고지	(②)이 검출되지 아니한 것

(정답) ① 1속   ② 형광물질

(해설) 마른김 및 얼구운김

항 목	특등	1등	2등	3등	등외
중량	100매 1속의 중량이 250g 이상인 것	100매 1속의 중량이 250g 이상인 것. 다만, 재래식은 200g 이상인 것			
	다만, 얼구운김 중량은 마른김 화입으로 인한 감량을 감안할 수 있다.				
협잡물	토사·따개비·갈대잎 및 그 밖에 협잡물이 없는 것				
결속	10매를 1첩으로 하고 10첩을 1속으로 하여 강인한 대지로 묶는다. 다만, 수요자의 요청에 따라 첩 단위 또는 평첩의 상태로 포장할 수 있다.				
결속대지 및 문고지	형광물질이 검출되지 아니한 것				

14 수산물 표준규격상 수산물의 종류별 등급규격을 나타낸 것이다. 해당등급에 맞는 규격을 쓰시오.
[3점]

품명	항 목	특	상	보통
북어	1마리의 크기(전장, cm)	(①) 이상	(②) 이상	30 이상
굴비		(③) 이상	15 이상	(④) 이상

정답 ① 40 ② 30 ③ 20 ④ 15

해설 [북어]

항 목	특	상	보통
1마리의 크기(전장, cm)	40 이상	30 이상	30 이상
다른 크기의 것의 혼입률(%)	0	10 이하	30 이하
색택	우량	양호	보통
공통규격	• 형태 및 크기가 균일하여야 한다. • 고유의 향미를 가지고 다른 냄새가 없어야 한다. • 인체에 해로운 성분이 없어야 한다. • 수분: 20% 이하		

[굴비]

항 목	특	상	보통
1마리의 크기(전장, cm)	20 이상	15 이상	15 이상
다른 크기의 것의 혼입률(%)	0	10 이하	30 이하
색택	우량	양호	보통
공통규격	• 고유의 향미를 가지고 다른 냄새가 없어야 한다. • 크기가 균일한 것으로 엮어야 한다.		

15 수산물 · 수산가공품 검사기준에 관한 고시에 규정된 '조미쥐치포'의 관능검사 실시 후 박스별 검사 결과를 나타낸 것이다. 합격품에 해당하는 박스를 모두 쓰시오. (단, 관능검사 항목은 형태, 색택, 처리에 한정한다.) [2점]

구 분	관능검사 결과
A박스	형태가 바르고 고유 색택을 가지고 있으며 과열로 인한 반점이 없고 피빼기가 충분함
B박스	손상품 혼입이 적고 고유 색택을 가지고 있으며 광택이 없고 과열로 인한 반점이 심하지 않음
C박스	형태가 바르고 고유 색택을 가지고 있으며 백분이 고르게 분포되어 있고, 피빼기가 충분함
D박스	손상품 혼입이 적고 고유 색택을 유지하면서 피빼기가 충분함
E박스	손상품 혼입이 없고 피빼기가 충분하며 전체적으로 백분이 고르게 분포되어 있음

정답 A박스, D박스

해설 관능검사기준(조미가공품 – 조미쥐치포)

항 목	합 격
형 태	형태가 바르고 손상품의 혼입이 적은 것
색 택	1. 고유의 색택을 가지고 광택이 있으며, 배소 과정을 거친 제품은 과열로 인한 반점이 심하지 아니한 것 2. 곰팡이가 없으며 백분이 거의 없는 것
선 별	응혈육 · 착색육 · 변색품 및 파치품의 혼입이 거의 없는 것
향 미	고유의 향미를 가지고 이취가 없는 것
처 리	피빼기가 충분하며, 어피 · 등뼈가 거의 붙어 있지 아니한 것
협잡물	토사 및 이물질의 혼입이 없는 것
첨가물	육질에 고르게 침투한 것

16 식품공전의 수산물에 대한 규격 및 시험방법 중 미생물 시험항목 2가지를 쓰시오. [2점]

정답 1. 히스타민
2. 복어독

해설 수산물에 대한 규격
• 히스타민: 200mg/kg(고등어, 다랑어류, 연어, 꽁치, 청어, 멸치, 삼치, 정어리, 몽치다래, 물치다래, 방어에 한함
• 복어독: 10MU/g 이하

17 식품공전상 건조감량법은 식품의 종류, 성질에 따라 가열온도를 각각 98~100℃, 100~103℃, 105℃ 전후(100~110℃), 110℃ 이상으로 구분한다. 다음에 제시된 가열온도에 적합한 수산물을 〈보기〉에서 모두 찾아 쓰시오. [2점]

가열온도	대상품목
98~100℃	(①)
105℃ 전후	(②)

┤ 보기 ├

찐톳　　　멸치　　　새우　　　김　　　미역　　　오징어

정답 ① 멸치, 새우, 오징어 ② 찐톳, 김, 미역

해설 시험법 적용범위: 식품의 종류, 성질에 따른 가열온도
ㄱ 동물성 식품과 단백질 함량이 많은 식품: 98~100℃
ㄴ 자당과 당분을 많이 함유한 식품: 100~103℃
ㄷ 식물성 식품: 105℃ 전후(100~110℃)
ㄹ 곡류 등: 110℃ 이상

18 수산물·수산가공품 검사기준에 관한 고시에 규정된 어분·어비의 정밀검사기준 항목을 〈보기〉에서 모두 찾아 쓰시오. [2점]

┤ 보기 ├

pH　　　조단백질　　　전질소　　　염분　　　산가　　　이산화황　　　엑스분

정답 조단백질, 염분

해설 정밀검사기준

항 목	기 준	대 상
1. pH	6.0 이상	• 수출용 냉동굴에 한정함
2. 조회분	6.0% 이하 28.0% 이하 30.0% 이하	• 한천 • 마른해조분 • 그 밖의 어분(갑각류 껍질 등)
3. 조단백질	3.0% 이하 7.0% 이상 35.0% 이상 45.0% 이상 50.0% 이상	• 한천 • 마른해조분 • 그 밖의 어분(갑각류 껍질 등) • 혼합어분 • 게EX분(추출분말) • 어분·어비(혼합어분 및 그 밖의 어분 제외)

항 목	기 준	대 상				
4. 조지방	1.0% 이하	• 게EX분(추출분말)				
	12.0% 이하	• 어분·어비, 그 밖의 어분(갑각류 껍질 등)				
5. 전질소	0.5% 이상	• 어류젓혼합액				
	1.0% 이상	• 멸치액젓, 패류 간장(굴·홍합·바지락간장 등)				
	3.0% 이상	• 어육액즙				
6. 엑스분	21.0% 이상	• 패류간장				
	40.0% 이상	• 어육액즙				
7. 비타민A 함유량	1g당 8,000 I.U 이상	• 어간유				

8. 제리강도				1등	2등	3등
	C급 (100~300g/cm^2 이상)		실한천 (cm^3 당)	300g 이상	200g 이상	100g 이상
	J급 (100~350g/cm^2 이상)		실한천 (cm^3 당)	350g 이상	250g 이상	100g 이상
			가루·인상 한천(cm^3 당)	350g 이상	250g 이상	150g 이상
			산한천 (cm^3 당)	200g 이상	100g 이상	–

항 목	기 준	대 상
9. 열탕불용해잔사물	4.0% 이하	• 한천
10. 붕산	0.1% 이하	• 한천
11. 이산화황(SO₂)	30mg/kg 미만	• 조미쥐치포류, 건어포류, 기타건포류, 마른새우류(두절 포함)
12. 산가	2.0% 이하	• 어간유
	4.0% 이하	• 어유
13. 염분	3.0% 이하	〈어분·어비〉 어분·어비
	12.0% 이하	〈조미가공품〉 어육액즙
	13.0% 이하	〈염장품〉 성게젓
	15.0% 이하	〈염장품〉 간성게 〈조미가공품〉 패류간장
	20.0% 이하	〈조미가공품〉 다시마액즙
	23.0% 이하	〈염장품〉 멸치액젓, 어류젓 혼합액
	40.0% 이하	〈염장품〉 간미역(줄기 포함)

항 목	기 준	대 상
14. 수분	1% 이하	〈어유・어간유〉 어유・어간유
	5% 이하	〈건제〉 얼구운김・구운김, 어패류(분말), 게EX분(분말)
	7% 이하	〈조미가공품〉 김 (김부각 등 포함)
	12% 이하	〈건제〉 어패류(분쇄), 〈어분・어비〉 어분・어비, 그 밖의 어분(갑각류 껍질 등)
	15% 이하	〈건제〉 김, 돌김
	16% 이하	〈건제〉 미역류(썰은 간미역 제외), 찐톳, 해조분
	18% 이하	〈건제〉 다시마
	20% 이하	〈건제〉 어류(어포 포함), 굴・홍합, 상어지느러미・복어지느 러미 〈조미가공품〉 참치(어육)
	22% 이하	〈건제〉 그 밖에 패류(굴・홍합 제외), 해삼류 〈한천〉 한천
	23% 이하	〈건제〉 오징어류, 미역(썰은 간미역에 한정함), 우무가사리, 그 밖의 건제품
	25% 이하	〈건제〉 새우류, 멸치(세멸 제외), 톳, 도박・진도박・돌가사리 그 밖의 해조류 〈조미가공품〉 쥐치포류
	28% 이하	〈조미가공품〉 어패류(얼구운 어류 포함) 그 밖의 조미가공품(꽃포 포함)
	30% 이하	〈건제〉 멸치(세멸), 뜬・바랜갯풀 〈조미가공품〉 오징어류(동체・훈제 제외), 백합
	42% 이하	〈조미가공품〉 오징어류(문어・오징어 등)의 동체 또는 훈제
	50% 이하	〈염장품〉 간성게 〈조미가공품〉 청어(편육)
	60% 이하	〈염장품〉 성게젓
	63% 이하	〈염장품〉 간미역 〈조미가공품〉 조미성게
	68% 이하	〈염장품〉 간미역(줄기), 멸치액젓
	70% 이하	〈염장품〉 어류젓 혼합액
	※ 건제품・염장품・조미가공품 중 위 기준 이상인 경우 품질보장수단이 병행 된 것은 기준에 적용받지 않는다.	
15. 토사	3.0% 이하	• 어분・어비(갑각류 껍질 등)

19 수산물·수산가공품 검사기준에 관한 고시에 규정된 살아있는 '넙치'의 관능검사 항목을 〈보기〉에서 모두 찾아 쓰시오. [3점]

| 보기 |
외관   냄새   색택   선별   선도   활력도

정답 외관, 활력도, 선별

해설 **관능검사기준(활어·패류)**

항 목	합 격
외 관	손상과 변형이 없는 형태로서 병·충해가 없는 것
활력도	살아 있고 활력도가 양호한 것
선 별	대체로 고르고 이종품의 혼입이 없는 것

20 수산물·수산가공품 검사기준에 관한 고시에 규정된 건제품의 관능검사기준에 관한 내용이다. 옳으면 ○, 틀리면 ×를 쓰시오. [4점]

품 목	항 목	합격기준	답란
마른홍합	색택	고유의 색택으로 백분이 없고 기름이 피지 아니한 것	(①)
마른해삼류	형태	형태가 바르고 크기가 대체로 고른 것	(②)
찐톳	형태	줄기(L)의 길이는 3cm 이상으로서 3cm 미만의 줄기와 잎의 혼입량이 10% 이하인 것	(③)
마른썰은미역	형태	크기가 고르고 파치품의 혼입이 거의 없는 것	(④)

정답 ① ○ ② × ③ × ④ ○

해설 **관능검사기준**
[마른굴 및 마른홍합]

항 목	합 격
형 태	형태가 바르고 크기가 고르며 파치품 혼입이 거의 없는 것
색 택	**고유의 색택으로 백분이 없고 기름이 피지 아니한 것**
협잡물	토사 및 협잡물이 없는 것
향 미	고유의 향미를 가지고 이취가 없는 것

[마른해삼류]

항 목	합 격
형 태	형태가 바르고 크기가 고른 것
색 택	고유의 색택이 양호하고 백분이 심하지 아니한 것
협잡물	토사·곰팡이 및 그 밖에 협잡물이 없는 것
향 미	고유의 향미를 가지고 이취가 없는 것

[찐톳]

항 목	합 격
형 태	• 줄기(L): 길이는 3cm 이상으로서 3cm 미만의 줄기와 잎의 혼입량이 5% 이하인 것 • 잎(S): 줄기를 제거한 잔여분(길이 3cm 미만의 줄기 포함)으로서 가루가 섞이지 아니한 것 • 파치(B): 줄기와 잎의 부스러기로서 기루기 섞이지 아니한 것
색 택	광택이 있는 흑색으로서 착색은 찐톳원료 또는 감태 등 자숙 시 유출된 액으로 고르게 된 것
선 별	줄기와 잎을 구분하고 잡초의 혼입이 없으며 노쇠 등 여윈 제품의 혼입이 없는 것
협잡물	토사·패각 등 협잡물의 혼입이 없는 것
취 기	곰팡이 냄새 또는 그 밖에 이취가 없는 것

[마른썰은미역]

항 목	합 격
원 료	조체발육이 양호한 것
형 태	1. 형태가 바르고 손상이 거의 없는 것 2. 썰은 것은 크기가 고르고 파치품의 혼입이 거의 없는 것
색 택	고유의 색택으로 양호한 것
협잡물	토사 및 그 밖에 협잡물이 없는 것
향 미	고유의 향미를 가지고 이취가 없는 것

※ 서술형 문제에 대해 답하시오. (21~30번 문제)

21 어육 연제품을 제조할 때 동결연육을 고기갈이 하고 성형한 후, 튀김, 구이, 삶기, 찜 등 다양한 가열처리를 하는 이유를 3가지만 서술하시오. [5점]

(정답) 살균효과, 풍미 향상, 보존성 향상, 효소의 불활성화, 독소 제거, 변패 방지

22 A횟집은 1개의 수족관에 원산지가 다른(국산, 일본산, 중국산) 활농어 3마리를 보관·판매하고자 한다. 농수산물의 원산지 표시에 관한 법령상 수족관의 원산지 표시방법을 서술하시오. [5점]

(정답) 원산지별로 섞이지 않도록 구획(동일 어종의 경우만 해당한다)하고, 푯말 또는 안내표시판 등으로 소비자가 쉽게 알아볼 수 있도록 표시한다.

(해설) **시행규칙 [별표1] 살아있는 수산물의 경우 원산지 표시방법**
1) 보관시설(수족관, 활어차량 등)에 원산지별로 섞이지 않도록 구획(동일 어종의 경우만 해당한다)하고, 푯말 또는 안내표시판 등으로 소비자가 쉽게 알아볼 수 있도록 표시한다.
2) 글자 크기는 30포인트 이상으로 하되, 원산지가 같은 경우에는 일괄하여 표시할 수 있다.
3) 문자는 한글로 하되, 필요한 경우에는 한글 옆에 한문 또는 영문 등으로 추가하여 표시할 수 있다.

23 다음은 농수산물품질관리법령상 수출하는 수산물·수산가공품 검사에 관하여 업체 관계자와 국립수산물품질관리원 소속 수산물검사관과의 전화 대화 내용이다. ( )에 들어갈 전화(설명) 내용을 쓰시오. [5점]

대화자	대화 내용
업체 관계자	안녕하십니까? 원양산업발전법에 따라 원양어업허가를 받은 어선을 보유한 원양업체로서 원양수산물을 서류검사만으로 검사합격증명서를 발급받고 싶습니다.
수산물검사관	예, 그 경우에는 수산물·수산가공품 검사신청서에 그 어선의 선장 확인서를 첨부하여 검사신청을 하면 검사의 일부를 생략하고 서류로 검사할 수 있는 제도가 있습니다.
업체 관계자	그러면, 원양수산물을 국내로 반입하여 수출하는 수산물인 경우에도 해당됩니까?
수산물검사관	그렇지 않습니다.
업체 관계자	그렇지 않다면 원양수산물 중 어떤 경우의 수산물·수산가공품이 해당됩니까?
수산물검사관	네, 그것은 원양어선에서 어획한 수산물의 수출 편의를 도모하기 위한 제도로서, ( )이(가) 해당됩니다. 다만, 외국과의 협약을 이행하여야 하는 경우 등은 제외됩니다.
업체 관계자	아! 그렇군요. 자세한 설명 감사합니다.

정답 원양어업허가를 받은 어선의 수산물 및 수산가공품

해설 법 제88조(수산물 등에 대한 검사)
④ 해양수산부장관은 제1항부터 제3항까지의 규정에도 불구하고 다음 각 호의 어느 하나에 해당하는 경우에는 검사의 일부를 생략할 수 있다.
1. 지정해역에서 위생관리기준에 맞게 생산·가공된 수산물 및 수산가공품
2. 제74조제1항에 따라 등록한 생산·가공시설등에서 위생관리기준 또는 위해요소중점관리기준에 맞게 생산·가공된 수산물 및 수산가공품
3. 다음 각 목의 어느 하나에 해당하는 어선으로 해외수역에서 포획하거나 채취하여 현지에서 직접 수출하는 수산물 및 수산가공품(외국과의 협약을 이행하여야 하거나 외국의 일정한 위생관리기준·위해요소중점관리기준을 준수하여야 하는 경우는 제외한다)
  가. 「원양산업발전법」 제6조제1항에 따른 원양어업허가를 받은 어선
  나. 「수산식품산업의 육성 및 지원에 관한 법률」 제16조에 따라 수산물가공업(대통령령으로 정하는 업종에 한정한다)을 신고한 자가 직접 운영하는 어선
4. 검사의 일부를 생략하여도 검사목적을 달성할 수 있는 경우로서 대통령령으로 정하는 경우

24 A수산물품질관리사는 동결 온도에 따른 어육의 품질 차이를 조사하기 위해 생선육에 온도 측정장치(데이터로거)를 연결하고 -60℃와 -20℃에 각각 동결과정의 온도 변화를 기록해 다음과 같은 동결곡선을 그렸다. 빙결점에서 -5℃ 사이에 빗금 친 부분을 지칭하는 ①의 용어를 쓰고, -20℃에 동결한 어육이 -60℃에 동결한 것보다 일반적으로 품질이 나빠지게 되는데 ② 그 이유를 2가지만 쓰시오. (단, 동결온도 외 다른 조건은 동일하다.) [5점]

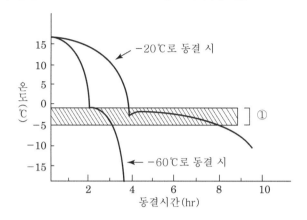

정답 ① 최대빙결정생성대
② 최대빙결정생성대를 통과하는 시간에 따라 얼음결정의 크기가 달라진다. 통과시간이 긴 완만동결시에는 급속동결에 비하여 큰 얼음결정이 생기며 이때 급속동결에 비하여 식품의 조직이 손상되거나 단백질 변성이 발생하며 식품의 품질이 저하된다.

해설 **최대빙결정생성대**
식품을 동결할 때, 시간의 경과에 따른 온도 변화를 나타낸 냉동곡선에서 보는 바와 같이 약 0℃에서 약 -5℃까지의 부분을 최대빙결정생성대라고 한다.

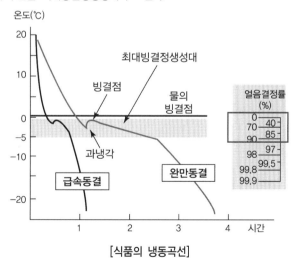

[식품의 냉동곡선]

25 과거 우리나라에서는 수산물을 수산관계법령에 의하여 지정된 장소에 양륙하여 판매하도록 하는 의무상장제를 운영하였으나, 1997년 이후 어업생산자가 자신의 수산물에 대하여 판매장소와 가격조건 등을 자유롭게 결정할 수 있도록 하는 임의상장제로 전환하여 시행 중에 있다. 임의상장제의 장점을 2가지만 서술하시오. [5점]

(정답) 1. 다양한 판로선택을 통한 어업인 소득증대
2. 수산물 유통단계 축소를 통한 유통마진의 축소 효과

🔵 참고 **의무상장제와 임의상장제 효과**

어업인 소득증대와 규제완화 차원에서 지난 1997년부터 실시된 임의상장제가 효과보다는 문제가 더 많다는 조사 결과가 나왔다. 수협 수산경제정책연구원 조용훈 박사가 전국 어촌계원(어업인)들을 대상으로 실시한 '수산물 임의상장제에 대한 어업인 의식 설문조사'에 따르면 1997년 임의상장제 전면실시 이후의 어업소득 증가율이 이전과 비교할 때 상대적으로 하락하고 있다. 조 박사는 "임의상장제가 어업인 소득증대에 기여했다는 것을 어디에서도 찾아볼 수 없다"고 지적했다. 어업인들은 '수협과 상인(객주) 중 어느 쪽을 통해 판매하는 것이 유리한가'라는 질문에 수협이 67%, 상인 7.9%, 양쪽 병행이 22.9%로 나타났다. 이는 임의상장제부분 실시 이전인 1994년 조사한 비율, 수협(52.9%), 상인(5.9%), 양쪽 병행 (40.4%)과 비교하면 수협에 대한 판매가 15%포인트, 상인에 대해서는 2%포인트가 증가하고 양쪽 병행 판매는 17.5%포인트가 줄어든 것이다. 조 박사는 "이는 임의상장제의 매력이라는 것을 의식해 상인에 대해서도 판매를 시도해 보려던 어업인들이 결국은 수협에 판매하는 쪽으로 발길을 돌렸다는 걸 의미한 다"고 분석했다. 수협에 판매하는 이유는 ▲정당한 제 값을 받을 수 있기 때문이 47.1% ▲어대금 결제 가 빠르기 때문이 19.3% ▲어업인 지원혜택이 11.4%로 나타났다. 임의상장제 실시 후 문제점으로는 ▲장기적으로 제 값을 못 받고 (27.6%) ▲유통질서 문란 (22.9%) ▲상인횡포 재연 (21.5%) ▲판로개척 어려움 (19.9%) 등으로 나타나 전반적으로 문제가 있음이 지적됐다. 조 박사는 "이 같은 조사 결과는 임의상장제의 장점으로 여겨졌던 '판매선 경쟁으로 인한 어업인 수취가격 상승'과는 배치돼 일시적인 가격상승은 있었으나 장기적으로는 제 값을 못 받는 것으로 나타났다"며 "수협을 통한 강제상장제가 추진돼야 한다"고 주장했다.

출처: 한산신문(http://www.hansannews.com)

26 A수산물품질관리사는 수산물·수산가공품 검사기준에 관한 고시에서 규정된 '마른김'에 대한 관능검사를 실시한 결과, 형태 항목에서는 1등급에 해당되었음에도 고유의 색택을 띄고, 광택이 양호하며, 청태의 혼입이 12%로 관능검사에서 1등급이 되지 않았다. 이 제품에 대한 ① 종합 등급판정하고 ② 그 이유를 쓰시오. (단, 주어진 항목만 등급판정한다.) [5점]

정답 ① 등급: 3등급
      ② 이유: 색택의 광택 양호는 2등급, 청태의 혼입 10% 초과 15% 이내인 것은 3등급

해설 관능검사기준(건제품 – 마른김 및 얼구운김)

항 목	검사기준				
	특등	1등	2등	3등	등외
형태	길이 206mm 이상, 너비 189mm 이상이고 형태가 바르며 축파지, 구멍기가 없는 것. 다만, 대판은 길이 223mm 이상, 너비 195mm 이상인 것	길이 206mm 이상, 너비 189mm 이상이고 형태가 바르며 축·파지(표면 또는 가장자리가 오그라진 것, 길이 및 폭의 절반 이상 찢어진 것), 구멍기가 없는 것. 다만, 재래식(在來式)은 길이 260mm 이상, 너비 190mm 이상, 대판은 길이 223mm 이상, 너비 195mm 이상인 것	왼쪽과 같음	왼쪽과 같음	길이 206mm, 너비 189mm이나 과도하게 가장자리를 치거나 형태가 바르지 못하고 경미한 축파지 및 구멍기가 있는 제품이 약간 혼입된 것. 다만, 재래식과 대판의 길이 및 너비는 1등에 준한다.
색택	고유의 색택(흑색)을 띠고 광택이 우수하고 선명한 것	고유의 색택을 띠고 광택이 우량하고 선명한 것	**고유의 색택을 띠고 광택이 양호하고 사태(색택이 회색에 가까운 검은색을 띠며 광택이 없는 것)가 경미한 것**	고유의 색택을 띠고 있으나 광택이 보통이고 사태나 나부기(건조과정에서 열이나 빛에 의해 누렇게 변색된 것)가 보통인 것	고유의 색택이 떨어지고 나부기 또는 사태가 전체 표면의 20% 이하인 것
청태의 혼입	청태(파래·매생이)의 혼입이 없는 것	청태의 혼입이 3% 이하인 것 다만, 혼해태(混海苔)는 20% 이하인 것	청태의 혼입이 10% 이하인 것 다만, 혼해태는 30% 이하인 것	**청태의 혼입이 15% 이하인 것. 다만, 혼해태는 45% 이하인 것**	청태의 혼입이 15% 이하인 것 다만, 혼해태는 50% 이하인 것
향미	고유의 향미가 우수한 것	고유의 향미가 우량한 것	고유의 향미가 양호한 것	고유의 향미가 보통인 것	고유의 향미가 다소 떨어지는 것

27 A수산물품질관리사가 생산지에 출장하여 '마른멸치(대멸)' 무포장 제품 6kg을 생산한 생산어가에게 판매 컨설팅을 하고자 한다. 수산물·수산가공품 검사기준에 따라 3개 박스(A∼C)에 대한 항목별 선별결과가 아래와 같을 때 생산어가가 기대할 수 있는 판매금액을 구하시오. (단, 1박스는 2kg 단위로 모두 판매되었으며, 계산과정과 답을 포함하시오.) [5점]

항 목	선별결과	해당 박스
형 태	크기는 80mm∼90mm이었으며, 다른 크기의 혼입 또는 머리가 없는 것이 0.5%이었음	A, B
	크기는 80mm∼90mm이었으며, 다른 크기의 혼입 또는 머리가 없는 것이 4%이었음	C
색 택	자숙이 적당하여 고유의 색택이 양호하고 기름핀 정도가 적은 것	A, B
	자숙이 적당하여 고유의 색택이 보통이고 기름이 약간 핀 것	C
향 미	고유의 향미가 양호한 것	A, B, C

구 분	1등	2등	3등
1박스당 판매금액	3만 원	2만 5천 원	2만 원

정답 A, B: 2등급, C: 3등급
판매금액: A, B 5만 원 + C 2만 원 = 7만 원

해설 관능검사기준(건제품 – 마른멸치)

항 목	1등	2등	3등
형 태	• 대멸: 77mm 이상 • 중멸: 51mm 이상 • 소멸: 31mm 이상 • 자멸: 16mm 이상 • 세멸: 16mm 미만으로서 다른 크기의 혼입 또는 머리가 없는 것이 1% 이내인 것	• 대멸: 77mm 이상 • 중멸: 51mm 이상 • 소멸: 31mm 이상 • 자멸: 16mm 이상 • 세멸: 16mm 미만으로서 다른 크기의 혼입 또는 머리가 없는 것이 3% 이내인 것	• 대멸: 77mm 이상 • 중멸: 51mm 이상 • 소멸: 31mm 이상 • 자멸: 16mm 이상 • 세멸: 16mm 미만으로서 다른 크기의 혼입 또는 머리가 없는 것이 5% 이내인 것
	A, B		C
색 택	자숙이 적당하여 고유의 색택이 우량하고 기름이 피지 아니한 것	자숙이 적당하여 고유의 색택이 양호하고 기름핀 정도가 적은 것	자숙이 적당하여 고유의 색택이 보통이고 기름이 약간 핀 것
		A, B	C
향 미	고유의 향미가 우량한 것	고유의 향미가 양호한 것	고유의 향미가 보통인 것
		A, B, C	
선 별	이종품의 혼입이 없는 것	이종품의 혼입이 없는 것	이종품의 혼입이 거의 없는 것
협잡물	토사 및 그 밖에 협잡물이 없는 것		

28 A수산물품질관리사가 실한천에 대한 품질검사를 위해 관능검사를 실시한 결과 다음과 같았다. 수산물 · 수산가공품 검사기준에 관한 고시에서 규정하고 있는 실한천 제품에 대한 항목별 등급을 판정(①~②)하고, 종합등급 판정(③)과 그 이유(④)를 쓰시오. [5점]

항 목	검사 결과	등급
형 태	300mm 이상으로 크기가 대체로 고르게 되어 있음	1등
색 택	백색 또는 유백색이나 약간의 담갈색 또는 담흑색이 있는 것	(①)등
제정도	급냉 · 난건 · 풍건이 경미하여, 파손품 · 토사의 혼입이 극히 적은 것	(②)등
종합등급		(③)등
종합등급 판정 이유		(④)

정답 ① 2 ② 2 ③ 2 ④ 색택과 제정도가 2등급

해설 관능검사기준(한천 – 실한천)

항 목	1등	2등	3등
형 태	300mm 이상으로 크기가 대체로 고른 것		
색 택	백색 또는 유백색으로 광택이 있으며 약간의 담황색이 있는 것	백색 또는 유백색이나 약간의 담갈색 또는 담흑색이 있는 것	백색 또는 유백색이나 담갈색 또는 약간의 담흑색이 있는 것
제정도	급냉 · 난건 · 풍건이 없고, 파손품 · 토사의 혼입이 없는 것	급냉 · 난건 · 풍건이 경미하며, 파손품 · 토사의 혼입이 극히 적은 것	급냉 · 난건 · 파손품 · 토사 및 협잡물이 적은 것

29 A수산물품질관리사가 참치회사를 방문하여 참치의 냉동관리 상태 등에 대해 컨설팅을 하고자 한다. 현재 이 참치회사는 횟감용 참치로 판매할 목적으로 6개월간 -20℃(참치 중심온도)로 냉동보관하고 있었다. 이 참치회사에 대한 수산물품질관리사의 컨설팅 내용(향후 대책방안 포함)을 쓰시오. (단, 검사기준에 온도 항목만 고려한다.) [5점]

(정답) 어육의 갈변현상을 방지하기 위해서 장기보관 시 -40℃ 이하로 보관할 필요가 있다.

(해설) 관능검사기준(냉동품 – 어 · 패류)

항 목	합 격
형 태	고유의 형태를 가지고 손상과 변형이 거의 없는 것
색 택	고유의 색택으로 양호한 것
선 별	크기가 대체로 고르고 다른 종류가 혼입되지 아니한 것
선 도	선도가 양호한 것
잡 물	혈액 등의 처리가 잘 되고 그 밖에 협잡물이 없는 것
건조 및 유소	글레이징이 잘되어 건조 및 유소현상이 없는 것 다만, 건조 및 유소를 방지할 수 있도록 포장한 것은 제외한다
온 도	**중심온도가 -18℃ 이하인 것** **다만, 횟감용 참치류의 중심온도는 -40℃ 이하인 것**

30 A수산물품질관리사는 수산물 안전성조사 업무처리 세부실시요령에 따라 실시된 '냉동 참다랑어'의 중금속 안전성조사의 검사 결과 부적합 판정을 홍길동 씨가 받았음을 알았다. A수산물품질관리사가 검사 결과가 적법하지 않은 것에 대해 검사실시기관에 알리고자 한다. 이의제기 이유를 서술하시오. [5점]

품목	수거		생산자명		조사 결과		허용기준	검토의견
	일자	장소	주소	성명	항목	결과		
냉동 참다랑어	'19.09.16.	1창고	부산	홍길동	총수은	0.6mg/kg	0.5mg/kg 이하	부적합
					납	0.4mg/kg	0.5mg/kg 이하	적합
					카드뮴	0.1mg/kg	0.2mg/kg 이하	적합

정답 참다랑어는 총수은 잔류허용기준의 대상품목이 아니다.

해설

항 목	기준 및 규격	대상품목
1. 중금속		
1) 총수은	0.5mg/kg 이하	• 어류 · 패류 · 연체류 ※ 심해성 · 다랑어류 · 새치류 제외
2) 메틸수은	1.0mg/kg 이하	• 심해성 어류 · 다랑어류 및 새치류
3) 납	0.5mg/kg 이하 2.0mg/kg 이하	• 어류 • 패류, 연체류
4) 카드뮴	2.0mg/kg 이하	• 패류, 연체류

수산물품질관리사 2차 시험 기출문제

※ 단답형 문제에 대해 답하시오. (1~20번 문제)

01 농수산물품질관리법상 해양수산부장관이 지리적 특성을 가진 수산물 또는 수산가공품의 품질 향상과 지역특화산업 육성 및 소비자 보호를 위하여 실시하는 제도에 관한 내용이다. (   )에 올바른 용어를 쓰시오. [2점]

> (①)의 등록은 특정지역에서 지리적 특성을 가진 수산물 또는 수산가공품을 생산하거나 제조·가공하는 자로 구성된 (②)만 신청할 수 있다. 다만, 지리적 특성을 가진 수산물 또는 수산가공품의 생산자 또는 가공업자가 1인인 경우에는 (②)이(가) 아니라도 등록신 청을 할 수 있다.

정답 ① 지리적표시 ② 법인

해설 법 제32조(지리적표시의 등록)
제2항 지리적표시의 등록은 특정지역에서 지리적 특성을 가진 농수산물 또는 농수산가공품을 생산하거 나 제조·가공하는 자로 구성된 법인만 신청할 수 있다. 다만, 지리적 특성을 가진 농수산물 또는 농수산 가공품의 생산자 또는 가공업자가 1인인 경우에는 법인이 아니라도 등록신청을 할 수 있다.

02 농수산물 원산지 표시에 관한 법령상 원산지를 2회 이상 표시하지 아니함에 따라 처분이 확정된 경우, 처분과 관련된 사항을 해양수산부 등 해당 기관의 인터넷 홈페이지에 공표하여야 한다. 이 공표문의 내용에 포함되는 것 3가지를 〈보기〉에서 골라 쓰시오. [3점]

┤ 보기 ├

위생 등급	영업소 주소	수산물의 품질상태
위반 내용	종사자 수	영업의 종류

정답 ① 영업소 주소 ② 영업의 종류 ③ 위반 내용

공표문의 내용에 포함되는 것(대통령령)

1. "「농수산물의 원산지 표시에 관한 법률」 위반 사실의 공표"라는 내용의 표제
2. 영업의 종류
3. 영업소의 주소(「유통산업발전법」 제2조제3호에 따른 대규모 점포에 입점·판매한 경우 그 대규모 점포의 명칭 및 주소를 포함한다)
4. 농수산물 가공품의 명칭
5. 위반 내용
6. 처분권자 및 처분일
7. 법 제9조제1항에 따른 처분을 받은 자가 입점하여 판매한 「방송법」 제9조제5항에 따른 방송채널사용사업자의 채널명 또는 「전자상거래 등에서의 소비자보호에 관한 법률」 제20조에 따른 통신판매중개업자의 홈페이지 주소

03 농수산물품질관리법령상 수산물 품질인증의 표시항목별 인증방법을 설명한 것이다. (   )에 알맞은 용어를 〈보기〉에서 찾아 쓰시오. [3점]

┤ 보기 ├
지정해역   산지   생산조건   공정도   품명   판매자

1. (①): 해당 품목이 생산되는 시·군·구(자치구의 구를 말한다)의 행정구역 명칭으로 인증하되, 신청인이 강·해역 등 특정지역의 명칭으로 인증받기를 희망하는 경우에는 그 명칭으로 인증할 수 있다.
2. (②): 표준어로 인증하되, 그 명칭이 명확하지 아니한 경우 또는 소비자가 식별하는 데 지장이 없다고 인정되는 경우에는 해당 품목의 생태·형태·용도 등에 따라 산지에서 관행적으로 사용되는 명칭으로 인증할 수 있다.
3. 생산자 또는 생산자 집단: 명칭(법인의 경우에는 명칭과 그 대표자의 성명을 포함한다)·주소 및 전화번호
4. (③): 자연산과 양식산으로 인증한다.

정답 ① 산지 ② 품명 ③ 생산조건

해설 **시행규칙 제32조** 수산물의 품질인증의 표시항목별 인증방법은 다음 각 호와 같다.

1. 산지: 해당 품목이 생산되는 시·군·구(자치구의 구를 말한다. 이하 같다)의 행정구역 명칭으로 인증하되, 신청인이 강·해역 등 특정지역의 명칭으로 인증받기를 희망하는 경우에는 그 명칭으로 인증할 수 있다.
2. 품명: 표준어로 인증하되, 그 명칭이 명확하지 아니한 경우 또는 소비자가 식별하는 데 지장이 없다고 인정되는 경우에는 해당 품목의 생태·형태·용도 등에 따라 산지에서 관행적으로 사용되는 명칭으로 인증할 수 있다.
3. 생산자 또는 생산자 집단: 명칭(법인의 경우에는 명칭과 그 대표자의 성명을 포함한다)·주소 및 전화번호
4. 생산조건: 자연산과 양식산으로 인증한다.

04 농수산물품질관리법령상의 수산물 및 수산가공품의 검사에 관한 설명이다. 옳으면 ○, 틀리면 ×를 표시하시오. [2점]

번 호	설 명
(①)	정부에서 수매 · 비축하는 수산물 및 수산가공품은 농수산물품질관리법령에 따른 검사를 받아야 한다.
(②)	외국과의 협약이나 수출 상대국의 요청에 따라 검사가 필요한 경우로서 해양수산부장관이 정하여 고시하는 수산물 및 수산가공품은 농수산물품질관리법령에 따른 검사를 받아야 한다.
(③)	검사를 받은 수산물 또는 수산가공품에 대하여서는 다시 농수산물품질관리법령에 따른 검사를 받지 않더라도 그 포장 · 용기나 내용물을 바꿀 수 있다.
(④)	지정해역에서 위생관리기준에 맞게 생산 · 가공된 수산물 및 수산가공품이라 하더라도 농수산물품질관리법령에 따라 검사의 일부를 생략할 수 있다.

정답 ① ○ ② ○ ③ × ④ ○

해설 법 제88조(수산물 등에 대한 검사)
① 검사대상
  1. 정부에서 수매 · 비축하는 수산물 및 수산가공품
  2. 외국과의 협약이나 수출 상대국의 요청에 따라 검사가 필요한 경우로서 해양수산부장관이 정하여 고시하는 수산물 및 수산가공품
② 해양수산부장관은 제1항 외의 수산물 및 수산가공품에 대한 검사 신청이 있는 경우 검사를 하여야 한다. 다만, 검사기준이 없는 경우 등 해양수산부령으로 정하는 경우에는 그러하지 아니한다.
③ 포장 · 용기나 내용물의 변경 시 검사
  제1항이나 제2항에 따라 검사를 받은 수산물 또는 수산가공품의 포장 · 용기나 내용물을 바꾸려면 다시 해양수산부장관의 검사를 받아야 한다.
④ 검사의 일부 생략
  1. 지정해역에서 위생관리기준에 맞게 생산 · 가공된 수산물 및 수산가공품
  2. 제74조제1항에 따라 등록한 생산 · 가공시설등에서 위생관리기준 또는 위해요소중점관리기준에 맞게 생산 · 가공된 수산물 및 수산가공품
  3. 다음 각 목의 어느 하나에 해당하는 어선으로 해외수역에서 포획하거나 채취하여 현지에서 직접 수출하는 수산물 및 수산가공품(외국과의 협약을 이행하여야 하거나 외국의 일정한 위생관리기준 · 위해요소중점관리기준을 준수하여야 하는 경우는 제외한다)
    가. 「원양산업발전법」 제6조제1항에 따른 원양어업허가를 받은 어선
    나. 「식품산업진흥법」 제19조의5에 따라 수산물가공업(대통령령으로 정하는 업종에 한정한다)을 신고한 자가 직접 운영하는 어선
  4. 검사의 일부를 생략하여도 검사목적을 달성할 수 있는 경우로서 대통령령으로 정하는 경우

05 수산물 통조림 가공공정에서 원료를 전처리한 다음 탈기, 밀봉, 살균 및 냉각을 실시할 때 반드시 필요한 장비 2가지만 쓰시오. [2점]

(정답) 1. 시이머(seamer, 밀봉기)
2. 살균·냉각기

(해설) 시이머(seamer, 밀봉기): 뚜껑을 본체에 밀봉하는 데 사용하는 기계

06 식품안전관리인증기준(HACCP)은 공통기준으로 7원칙 12절차의 체계를 적용한다. 7원칙 중 ( )에 알맞은 수행 내용을 쓰시오. [4점]

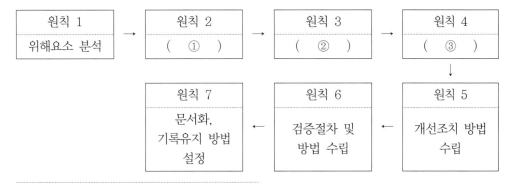

(정답) ① 중요관리점(CCP) 결정 ② CCP 한계기준 설정 ③ CCP 모니터링체계 확립

(해설) HACCP의 7원칙과 12절차

07 어류의 사후변화 과정이다. (   )에 알맞은 용어를 쓰시오. [2점]

수확 → 죽음 → 해당작용 → (①) → 해경 → (②) → 부패

정답 ① 사후경직 ② 자가소화

해설 어류의 사후변화 과정

수확 → 사망 → 해당작용 → 사후경직 → 해경 → 자가소화 → 부패

08 A원양선사는 포클랜드에서 오징어를 어획하여 냉동 상태로 부산 감천항에 양육하였다. 이 냉동 오징어를 정부 비축 · 수매사업과 무관하게 가공을 거치지 않고 일반 소비자에게 판매하는 유통 과정으로 (   )에 알맞은 용어를 쓰시오. [2점]

A원양선사 → (①) → 소비지 도매시장 → 도매상 → (②) → 소비자

정답 ① 위판장 ② 소매상

해설 수산물 유통경로

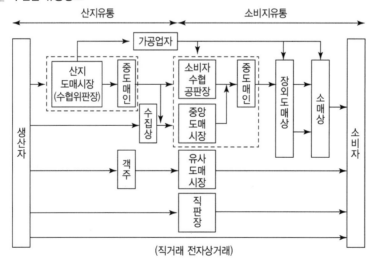

09 수산물 도매시장에 관한 설명이다. 각 항목의 설명에 적합한 시장을 〈보기〉에서 찾아 쓰시오. [3점]

┤ 보기 ├

중앙도매시장   지방도매시장   민영도매시장

시 장	설 명
(①)	특별시·광역시·특별자치시 또는 특별자치도가 대통령령으로 정하는 품목을 도매하게 하기 위하여 개설하는 시장 중 해당 관할구역 및 그 인접지역에서 도매의 중심이 되는 시장으로서 해양수산부령으로 정하는 것
(②)	민간인등(국가, 지방자치단체 및 수협과 그 중앙회 그리고 대통령령으로 정하는 생산자 관련 단체와 공익상 필요하다고 인정되는 법인으로서 대통령령으로 정하는 법인은 제외)이 시·도지사의 허가를 받아 특별시·광역시·특별자치시·특별자치도 또는 시 지역에 개설하는 시장
(③)	특별시·광역시·특별자치시·특별자치도 또는 시가 대통령령으로 정하는 품목을 도매하게 하기 위하여 개설하는 시장. 다만, 시가 개설하려면 도지사의 허가를 받아야 함

정답 ① 중앙도매시장 ② 민영도매시장 ③ 지방도매시장

10 최근 수산물도 브랜드를 가지게 되면서 소비자들의 선호도가 높아지고 있다. 이러한 브랜드가 가지는 유용한 기능에 관한 설명으로 옳으면 ○, 틀리면 ×를 표시하시오. [2점]

구 분	설 명
(①)	다른 경쟁상품으로부터 식별하기 쉽게 한다.
(②)	다른 기업의 모방으로부터 보호받을 수 있다.
(③)	상품 상황에 따라 브랜드가 변하는 장점이 있다.

정답 ① ○ ② ○ ③ ×

해설 브랜드는 정착과정에서 고비용이 발생하고, 변경하는 데도 고비용이 발생하여 변경이 쉽지 않다.

11 수산물·수산가공품 검사기준상 어육연제품에서 '탄력' 검사항목의 합격기준이 아래와 같다. 해당 품목을 〈보기〉에서 찾아 쓰시오. [3점]

항 목	합격기준
탄 력	5mm 두께로 절단한 것을 반으로 접었을 때 금이 가지 아니한 것

┤ 보기 ├

찐어묵　고명어육소시지　혼합어육소시지　구운어묵　특수포장어묵　맛살

⋯⋯⋯⋯⋯⋯⋯⋯⋯⋯⋯⋯⋯⋯⋯⋯⋯⋯⋯⋯

(정답) 찐어묵, 구운어묵, 맛살, 특수포장어묵

(해설) 수산물·수산가공품 검사기준에 관한 고시(국립수산물품질관리원)
어육연제품
(1) 어묵류(찐어묵·구운어묵·튀김어묵·맛살 등)

항 목	합 격
성 상	1. 색·형태·풍미 및 식감이 양호하고 이미·이취가 없는 것 2. 고명을 넣은 것은 그 모양 및 배합상태가 양호한 것 3. 구운어묵은 구운색이 양호하며 눌은 것이 없는 것 4. 맛살은 게·새우 등의 형태와 풍미가 유사한 것
탄 력	5mm 두께로 절단한 것을 반으로 접었을 때 금이 가지 아니한 것
이 물	혼합되지 아니한 것

12 A수산물품질관리사는 지역 수산업협동조합에서 보관(개별 무포장)하고 있던 냉동고등어가 다음과 같은 사유로 불합격 처리되어 그 예방법을 설명해 주었다. 수산물품질관리사가 설명한 예방법을 쓰시오. (단, 온도관리 등 시설과 관련된 내용은 제외한다.) [2점]

항 목	불합격 사유
건조 및 유소	건조가 되어 있고, 유소현상이 발생하였다.

⋯⋯⋯⋯⋯⋯⋯⋯⋯⋯⋯⋯⋯⋯⋯⋯⋯⋯⋯⋯

(정답) 염지법 등 적절한 염분이 함유된 물처리를 하여 보관한다.

13 다음은 수산물·수산가공품 검사기준에 관한 고시에서 정한 '새우젓' 합격기준에 맞지 않은 사례이다. 다음에서 옳지 않은 것을 찾아 합격기준에 맞게 고치시오. [2점]

> 새우의 형태를 가지고 있어야 하며, 고유의 색택이 양호하고 ① 변색이 없으며, ② 고유의 향미를 가지며 이취가 없는 것으로서 ③ 액즙은 정미량의 40% 이하이고, ④ 잡어의 선별이 잘된 것이어야 한다.

정답 ③ 정미량의 40% 이하 → 정미량의 20% 이하

해설 관능검사기준(염장품 – 새우젓)

항 목	합 격
형 태	새우 형태를 가지고 있어야 하며, 부스러진 새우의 혼입이 적은 것
색 택	고유의 색택이 양호하고 변색이 없는 것
협잡물	토사 및 그 밖에 협잡물이 없는 것
향 미	고유의 향미를 가지고 이취가 없는 것
액 즙	정미량의 20% 이하인 것
처 리	숙성이 잘 되고 이종새우 및 잡어의 선별이 잘된 것

14 수산물표준규격에서 규정한 '북어'의 등급규격 중 아래 제시된 '크기' 항목에 대한 해당등급을 선택하고, 공통규격에 해당하는 것을 〈보기〉에서 찾아 쓰시오. [2점]

항 목	해당등급			
1마리의 크기가 35cm	1등	2등	특	상

┤ 보기 ├

① 중량이 균일하여야 한다.
② 고유의 향미를 가지고 다른 냄새가 없어야 한다.
③ 인체에 해로운 성분이 없어야 한다.
④ 수분은 30% 이하이어야 한다.

• 등급: 상
• 공통규격
  ② 고유의 향미를 가지고 다른 냄새가 없어야 한다.
  ③ 인체에 해로운 성분이 없어야 한다.

북어

항 목	특	상	보통
1마리의 크기(전장, cm)	40 이상	30 이상	30 이상
다른 크기의 것의 혼입률(%)	0	10 이하	30 이하
색택	우량	양호	보통
공통규격	• 형태 및 크기가 균일하여야 한다. • 고유의 향미를 가지고 다른 냄새가 없어야 한다. • 인체에 해로운 성분이 없어야 한다. • 수분: 20% 이하		

15 수산물 · 수산가공품 검사기준에 따른 '냉동해조류'의 관능검사 시 합불판정 항목에 해당하는 것을 〈보기〉에서 모두 찾아 쓰시오. [3점]

┤ 보기 ├

형태   탄력   냄새   향미   색택   선별   잡물   온도

형태, 색택, 선별, 잡물, 온도

관능검사기준(냉동품 – 해조류)

항 목	합 격
형 태	조체발육이 보통이상의 것으로 손상 및 변형이 심하지 아니한 것
색 택	고유의 색택을 가지고 변질되지 아니한 것
선 별	파치품 · 충해엽 등의 혼입이 적고 다른 해조 등의 혼입이 거의 없는 것
잡 물	토사 및 이물질의 혼입이 거의 없는 것
온 도	제품 중심온도가 -18℃ 이하인 것

16 수산물 · 수산가공품 검사기준에서 규정한 '건제품'의 관능검사기준에 관한 내용이다. 다음의 〈건제품〉을 합불판정과 등급판정별로 구분하고, 해당품목에 공통으로 적용된 검사항목을 〈보기〉에서 찾아 모두 쓰시오. [3점]

〈건제품〉
마른김   마른오징어   마른다시마   마른멸치

┤ 보기 ├
향미   색택   협잡물   형태

구 분	해당품목	공통항목
합불판정	①	③
등급판정	②	

정답 ① 마른오징어, 마른다시마 ② 마른김, 마른멸치 ③ 형태, 색택, 향미

해설 **검사항목**
- 마른김(형태, 색택, 형태의 혼입, 향미)
- 마른오징어(형태, 색택, 곰팡이, 협잡물, 향미, 선별)
- 마른다시마(원료, 형태, 색택, 협잡물, 향미)
- 마른멸치(형태, 색택, 향미, 선별)

17 수산물·수산가공품 검사기준에서 정한 정밀검사기준상 검사대상이 양식어류, 갑각류, 전복에 대한 동물용의약품 기준에 관한 내용이다. 항생물질 3가지의 잔류량 합으로서 그 기준이 0.2mg/kg 이하인 동물용의약품명을 〈보기〉에서 찾아 쓰시오. [3점]

〈건제품〉

옥시테트라싸이클린	테트라싸이클린	옥소린산
독시싸이클린	클로르테트라싸이클린	암피실린

(정답) 옥시테트라싸이클린, 클로르테트라싸이클린, 테트라싸이클린

해설 **정밀검사기준 – 동물용의약품**

2. 동물용의약품 등		• 어류, 갑각류 및 전복(양식가능 품종으로서 활, 신선·냉장품 및 냉동품)
1) 옥시테트라싸이클린/ 클로르테트라싸이클린/ 테트라싸이클린 합으로서	0.2mg/kg 이하	– 어류 – 갑각류 – 전복
2) 독시싸이클린	0.05mg/kg 이하	– 어류
3) 클로람페니콜	불검출	– 어류 – 갑각류
4) 스피라마이신	0.2mg/kg 이하	
5) 옥소린산	0.1mg/kg 이하	
6) 플루메퀸	0.5mg/kg 이하	
7) 엔로플록사신/시프로 플록사신 합으로서	0.1mg/kg 이하	

18 수산물 안전성조사 업무처리 세부실시요령에 따라 A양식장의 참돔에 대한 안전성조사를 수행한 결과 '전량 폐기' 행정처분을 받았다. 안전성조사에서 검출되었을 것으로 추정되는 사용금지 유해물질을 〈보기〉에서 모두 찾아 쓰시오. [3점]

┨ 보기 ┠

니트로푸란　　멜라민　　아목시실린　　말라카이트그린　　클로람페니콜

(정답) 클로람페니콜, 말라카이트그린, 니트로푸란

(해설) **축산물 및 동물성 수산물과 그 가공식품 중 검출되어서는 아니 되는 물질**
아목시실린 잔류허용 기준: 0.05mg/kg 이하

1. 니트로푸란계: 푸라졸리돈, 푸랄타돈, 니트로푸라존, 니트로푸란토인, 니트로빈
2. 카바독스
3. 올라퀸독스
4. 클로람페니콜
5. 클로르프로마진
6. 클렌부테롤
7. 콜치산
8. 답손
9. 디에틸스틸베스트롤
10. 에드록시프로게스테론 아세테이트
11. 티오우라실
12. 겐티안 바이올렛
13. 말라카이트그린
14. 메틸렌블루
15. 디메트리다졸
16. 이프로니다졸
17. 메트로니다졸
18. 로니다졸
19. 노르플록사신
20. 오플록사신
21. 페플록사신
22. 피리메타민
23. 반코마이신
24. 록사손
25. 아르사닐산

19 수산물·수산가공품 검사기준에 따른 건제품 관능검사에서 '협잡물' 항목의 합격기준에 해당하는 품목을 〈보기〉에서 찾아 쓰시오. [2점]

항 목	합격기준	해당품목
협잡물	토사 및 그 밖의 협잡물 3% 이하인 것	①
	토사 및 그 밖의 협잡물 5% 이하인 것	②

┤ 보기 ├

마른굴   구운김   마른해조분   게EX분   마른해조류

정답 ① 마른해조류 ② 마른해조분

해설 **관능검사기준(건제품)**

[마른해조류(도박·진도박·돌가사리 등, 그 밖의 갯풀)]

항 목	합 격
원 료	조체발육이 양호한 것
색 택	고유의 색택이 양호하고 변색되지 아니한 것
협잡물	다른 해조, 토사 및 그 밖에 협잡물이 3% 이하인 것

[마른해조분]

항 목	합 격
형 태	분말의 정도가 고른 것
색 택	고유의 색택을 가지며 변질·변색이 아니된 것
협잡물	토사 및 그 밖에 협잡물이 5% 이하인 것
취 기	곰팡이 또는 이취가 없는 것

20 식품공전상 미생물시험법 중 유당배지를 이용한 대장균군의 정성시험 3단계를 순서대로 쓰시오. [2점]

정답 추정시험 – 확정시험 – 완전시험

해설 **정밀검사 유당배지법**
유당배지를 이용한 대장균군의 정성시험은 <u>추정시험, 확정시험, 완전시험의 3단계</u>로 나눈다.

※ 서술형 문제에 대해 답하시오. (21~30번 문제)

21 농수산물품질관리법령상 수산물의 품질인증을 받기 위해서는 '생산·출하 과정에서의 자체 품질관리체제와 유통과정에서의 사후관리체제를 갖추고 있을 것' 등 3가지 기준을 모두 충족해야 한다고 규정하고 있다. 나머지 2가지 기준을 서술하시오. [5점]

정답) 1. 해당 수산물이 그 산지의 유명도가 높거나 상품으로서의 차별화가 인정되는 것일 것
      2. 해당 수산물의 품질 수준 확보 및 유지를 위한 생산기술과 시설·자재를 갖추고 있을 것

해설 **시행규칙 제29조(품질인증의 기준)**
① 품질인증을 받기 위해서는 다음 각 호의 기준을 모두 충족해야 한다.
    1. 해당 수산물이 그 산지의 유명도가 높거나 상품으로서의 차별화가 인정되는 것일 것
    2. 해당 수산물의 품질 수준 확보 및 유지를 위한 생산기술과 시설·자재를 갖추고 있을 것
    3. 해당 수산물의 생산·출하 과정에서의 자체 품질관리체제와 유통과정에서의 사후관리체제를 갖추고 있을 것

22 농수산물품질관리법상 수산물 및 수산가공품 검사 결과에 불복하는 자는 그 검사 결과를 통지받은 날부터 14일 이내에 해양수산부장관에게 재검사를 신청할 수 있다. 재검사를 신청할 수 있는 경우 2가지를 서술하시오. [5점]

정답) 1. 수산물 검사기관이 검사를 위한 시료 채취나 검사방법이 잘못되었다는 것을 인정하는 경우
      2. 전문기관(해양수산부장관이 정하여 고시한 식품위생 관련 전문기관을 말한다)이 검사하여 수산물 검사기관의 검사 결과와 다른 검사 결과를 제출하는 경우

해설 **법 제96조(재검사)**
① 제88조에 따라 검사한 결과에 불복하는 자는 그 결과를 통지받은 날부터 14일 이내에 해양수산부장관에게 재검사를 신청할 수 있다.
② 제1항에 따른 재검사는 다음 각 호의 어느 하나에 해당하는 경우에만 할 수 있다. 이 경우 수산물검사관의 부족 등 부득이한 경우 외에는 처음에 검사한 수산물검사관이 아닌 다른 수산물검사관이 검사하게 하여야 한다.
    1. 수산물검사기관이 검사를 위한 시료 채취나 검사방법이 잘못되었다는 것을 인정하는 경우
    2. 전문기관(해양수산부장관이 정하여 고시한 식품위생 관련 전문기관을 말한다)이 검사하여 수산물 검사기관의 검사 결과와 다른 검사 결과를 제출하는 경우
③ 제1항에 따른 재검사의 결과에 대하여는 같은 사유로 다시 재검사를 신청할 수 없다.

23 수산식품은 포장을 통해 여러 가지 품질 저하 요인이 억제되어 저장 기간이 연장될 수 있다. 기체 조절을 통해 수산식품의 저장 기간을 연장할 수 있는 포장 방법 1가지를 서술하시오. [5점]

> (정답) PVC Wrap 필름포장: 필름포장 내 수산식품의 고탄산가스, 저산소 상태의 유지를 통하여 저장기간이 연장된다.

24 어류를 이용하여 수산가공품을 제조할 때 여러 가지 어체 전처리를 한다. 어체 전처리 용어인 ① 세미드레스(Semi-dressed), ② 드레스(Dressed), ③ 필렛(Fillet)에 대하여 서술하시오. [5점]

> (정답) ① 세미드레스(Semi-dressed): Round 상태의 어체에서 아가미와 내장을 제거한 것
> ② 드레스(Dressed): 두부와 내장을 제거한 것
> ③ 필렛(Fillet): 드레스 상태에서 척추골 부분을 제거하고 2개의 육편으로 처리한 것

25 수산물 유통은 일반 제품과 다른 수산물의 상품적 특성으로 인하여 독특한 특성을 가진다. 수산물 유통의 특성 3가지를 서술하시오. [5점]

> (정답) 1. 부패성: 수산물은 강한 부패성과 변질성을 가지고 있어 특별한 유통시설과 유통비용이 발생한다.
> 2. 가격의 불안전성: 수산물은 가격 및 소득에 대한 탄력성이 낮아 공급량에 의한 가격결정이 어렵다.
> 3. 표준규격화의 어려움: 수산물은 어획물의 크기가 다양하고, 품질이 균일하지 못하여 표준규격품의 출하가 어렵다.

26 생식용 참다랑어를 냉동 저장하고자 하는 A수산물품질관리사는 저장전 참다랑어의 신선도를 확인하기 위하여 식품공전에서 정한 미생물 시험법에 따라 일반 세균수를 측정하고자 한다. ① 일반 세균수를 측정하는 방법 3가지와 수산물·수산가공품 검사기준에 따른 참다랑어의 ② 세균수 허용기준을 쓰시오. [5점]

> (정답) ① 일반 세균수를 측정하는 방법: 표준평판법, 건조필름법, 자동화된 최확수법
> ② 세균수 허용기준: 1g 중 100,000 이하

27 A수산물품질관리사는 굴 양식장의 생산단계 안전관리를 위하여 관련 검사기관에 검정 의뢰한 결과 다음과 같은 검사 결과를 받았다. 이 검사 결과에 따라 생산단계부터 안전한 수산물 생산을 위해 수산물품질관리사가 제시할 수 있는 ① 예방법과 ② 사후관리 방안을 기술하시오. (단, 전량 폐기는 제외한다.) [5점]

〈검사 결과〉

- 마비성패독: $150 \mu g/100g$
- 세균수: 1g 중 150,000
- 분변계대장균: 4,900MPN/100g

정답 ① 예방법: 양식장의 수질정화를 위하여 오염수의 오염물질 제거, 수면 위의 녹조 제거, 물리적 물 순환, 수질 자생력을 위한 용존산소 공급 등

② 사후관리 방안: 마비성패독 80㎍/100g 이하, 세균수 1g 중 50,000 이하, 분변계대장균 230MPN/100g 이하가 되도록 관리

28 해양수산부는 2018년 수산용 의약품 사용 지도 감독 점검계획에 따라 양식장 98곳에 대해 약품·중금속 검사를 진행한 결과 A양식장의 넙치에서 기준치 이상의 총수은을 확인하였다. 수산물 안전성조사 업무처리 세부실시요령에 따라 해당 양식장에 적용된 ① <u>총수은의 허용기준치</u>, ② <u>부가될 수 있는 행정처분</u>, ③ <u>사후 특별관리</u>에 대해 기술하시오. (단, 위 언급된 넙치 양식장에서 수은은 수조 6개 중 2개에서 검출되었다.) [5점]

- - - - - - - - - - - - - - - - - - - -

(정답) ① 총수은의 허용기준치: 0.5mg/kg 이하
② 부가될 수 있는 행정처분: 폐기명령
③ 사후 특별관리: 조치사항의 이행확인과 교육

(해설) 안전성조사 잔류허용기준 및 대상품목(수산물 안전성조사 업무처리 세부실시요령)

항목	기준 및 규격	대상품목
중금속		
1) 총수은	0.5mg/kg 이하	어류·패류·연체류 ※ 심해성·다랑어류·새치류 제외
2) 메틸수은	1.0mg/kg 이하	심해성·다랑어류·새치류
3) 납	0.5mg/kg 이하	어류, 냉동식용어류머리
	1.0mg/kg 이하	갑각류 (다만, 내장을 포함한 꽃게류 2.0mg/kg 이하)
	2.0mg/kg 이하	패류·연체류(내장을 포함한 낙지)
4) 카드뮴	0.1mg/kg 이하	어류(민물 및 회유어류에 해당)
	0.2mg/kg 이하	어류(해양어류 해당)
	0.3mg/kg 이하	김(조미김 포함)
	1.0mg/kg 이하	갑각류 (다만, 내장을 포함한 꽃게류 5.0mg/kg 이하)
	2.0mg/kg 이하	패류, 연체류 (다만, 내장을 포함한 낙지는 3.0mg/kg 이하)

29 A수산물품질관리사가 '간미역'의 조사항목을 통해 종합등급을 '상'으로 판정한 오류를 발견하였다. 수산물표준규격에서 규정한 (1) 개별등급(①~③)과 (2) 종합등급(④)을 판정하고, (3) 그 이유를 쓰시오. (단, 이유는 각 항목별 개별등급을 포함하여 종합판정한다.) [5점]

항 목	조사결과	판정등급
파치의(15cm 이하)의 혼입율(%)	2%	①
노쇠엽, 충해엽, 황갈색엽 등의 혼입율(5%)	7%	②
색깔	양호	③
공통규격	모두 적합	
종합등급	④	

정답 (1) ① 특 ② 보통 ③ 상
　　(2) ④ 보통
　　(3) 종합판정은 하위가 상위를 지배하므로 가장 낮은 등급인 보통으로 판단한다.

해설 간미역 등급규격

항 목	특	상	보 통
파치품(15cm이하)의 혼입률(%)	3 이하	5 이하	10 이하
노쇠엽, 충해엽, 황갈색엽 등의 혼입률(%)	3 이하	5 이하	10 이하
색 깔	우 량	양 호	보 통
공통규격	• 다른 품종의 것이 없어야 한다. • 속줄기가 제거된 것이어야 한다. • 자숙이 적당하고 염분이 균등하며 물빼기가 충분한 것이어야 한다. • 보관온도는 −5℃ 이하이어야 한다. • 수분: 63% 이하 • 염분: 25% 이상, 40% 이하		

30 A수협에 소속된 B수산물품질관리사는 '마른톳' 생산지에 출장하여 예비검사를 실시한 결과 다음과 같은 검사 결과를 작성하였다. 수산물·수산가공품 검사기준에 따른 마른톳의 ① 등급을 판정하고, ② 그 이유를 쓰시오. (단, 이유는 각 항목별 개별등급을 포함하여 종합판정한다.) [5점]

항 목	검사 결과
원 료	산지 및 채취의 계절이 동일하고 조체발육이 양호함
색 택	고유의 색택으로 우량하며 변질이 안 되었음
협잡물	다른 해조류 혼입이 5% 혼입되었음

정답 ① 등급판정: 3등
② 원료(2등), 색택(1등), 협잡물(3등)로 협잡물이 5% 이하인 경우 3등이므로 종합판정 3등

해설 관능검사기준(건제품 – 마른톳)

항 목	1등	2등	3등
원 료	산지 및 채취의 계절이 동일하고 조체발육이 우량한 것	산지 및 채취의 계절이 동일하고 조체발육이 양호한 것	산지 및 채취의 계절이 동일하고 조체발육이 보통인 것
색 택	고유의 색택으로서 우량하며 변질이 아니된 것	고유의 색택으로서 우량하며 변질이 아니된 것	고유의 색택으로서 보통이며 변질이 아니된 것
협잡물	다른 해조 및 토사 그 밖에 협잡물이 1% 이하인 것	다른 해조 및 토사 그 밖에 협잡물이 3% 이하인 것	다른 해조 및 토사 그 밖에 협잡물이 5% 이하인 것

2017년 제 3 회 수산물품질관리사 2차 시험 기출문제

※ 단답형 문제에 대해 답하시오. (1~20번 문제)

01 농수산물품질관리법상 어업인 스스로 수산물의 품질을 향상시키고 체계적으로 품질관리를 할 수 있도록 하기 위하여 해양수산부장관, 특별시장·광역시장·도지사·특별자치도지사 또는 시장·군수·구청장이 품질인증기관으로 지정하고 자금을 지원할 수 있는 단체(또는 법인) 2개를 답란에 쓰시오. [2점]

> **정답** 수산물 생산자단체, 수산가공품을 생산하는 사업과 관련된 법인

> **해설** 법 제17조(품질인증기관의 지정 등)
> ② 해양수산부장관, 특별시장·광역시장·도지사·특별자치도지사 또는 시장·군수·구청장(자치구의 구청장을 말한다)은 어업인 스스로 수산물의 품질을 향상시키고 체계적으로 품질관리를 할 수 있도록 하기 위하여 제1항에 따라 품질인증기관으로 지정받은 다음 각 호의 단체 등에 대하여 자금을 지원할 수 있다.
> 1. 수산물 생산자단체(어업인 단체만을 말한다)
> 2. 수산가공품을 생산하는 사업과 관련된 법인(「민법」 제32조에 따른 법인만을 말한다)

02

농수산물품질관리법령상 수산물 지정검사기관의 지정 취소 및 업무정지에 관한 처분기준 중 수산물 지정검사기관이 그 업무를 수행하면서 '검사를 거짓으로 한 경우'에 대한 위반 횟수별 처분기준을 답란에 쓰시오. [3점]

정답
- 1회 위반 시: 업무정지 3개월
- 2회 위반 시: 업무정지 6개월 또는 지정 취소
- 3회 이상 위반 시: 지정 취소

해설

위반행위	위반횟수별 처분기준		
	1회	2회	3회 이상
가. 거짓이나 그 밖의 부정한 방법으로 지정받은 경우	지정 취소	–	–
나. 업무정지 기간 중에 검사 업무를 한 경우	지정 취소	–	–
다. 법 제89조제3항에 따른 지정기준에 미치지 못하게 된 경우			
1) 시설·장비·인력이나 조직 중 어느 하나가 지정기준에 미치지 못한 경우	업무정지 1개월	업무정지 3개월	업무정지 6개월 또는 지정 취소
2) 시설·장비·인력이나 조직 중 둘 이상이 지정기준에 미치지 못한 경우	업무정지 6개월 또는 지정 취소	지정 취소	–
라. 검사를 거짓으로 한 경우	**업무정지 3개월**	**업무정지 6개월 또는 지정 취소**	**지정 취소**
마. 검사를 성실하게 하지 않은 경우			
1) 검사품의 재조제가 필요한 경우	경고	업무정지 3개월	업무정지 6개월 또는 지정 취소
2) 검사품의 재조제가 필요하지 않은 경우	경고	업무정지 1개월	업무정지 3개월 또는 지정 취소
바. 정당한 사유 없이 지정된 검사를 하지 않은 경우	경고	업무정지 1개월	업무정지 3개월 또는 지정 취소

03 농수산물품질관리법상 수산물 품질인증의 유효기간은 품질인증을 받은 날부터 2년으로 한다. 다만, 품목의 특성상 생산에서 출하될 때까지의 1년 이상인 경우 국립수산물품질관리원장이 따로 정한다. 다음 중 수산물과 수산특산물의 품질인증에 관한 세부실시요령에서 규정한 바에 따라 생산에 필요한 기간을 고려하여 유효기간을 정하는 품목을 〈보기〉에서 모두 골라 답란에 쓰시오. [3점]

┤ 보기 ├

뱀장어　　　무지개송어　　　다시마　　　전복　　　꽃게　　　우렁쉥이

────────────────────────────

(정답) 뱀장어, 다시마, 전복

(해설) 법 제15조 및 규칙 제34조에 따른 품목별 유효기간은 다음과 같다.
　　　1. 뱀장어, 굴, 김, 미역, 다시마: 3년
　　　2. 전복: 4년

04 수산물 안전성조사 업무처리 세부실시요령에서 규정한 바에 따라 국립수산물품질관리원장이 A양식장에 대한 수산물안전성조사 결과 클로람페니콜이 검출되어 부적합 처분을 하였다. 이 경우 A양식장의 특별관리에 관한 설명으로 괄호 안에 알맞은 용어를 답란에 쓰시오. [2점]

안전성조사 결과 부적합 품종은 부적합이 발생한 날로부터 (①)동안 2개월 주기로 검출된 유해물질에 대해 안전성조사(특별관리)를 실시하여야 한다. 이 경우 해당 양식장에서 사육중인 타 품종도 특별관리를 실시하되 (②)이상 안전성조사 결과 유해물질이 검출되지 않은 경우 관리를 종료할 수 있다.

────────────────────────────

(정답) ① 12개월 ② 1회

(해설) 수산물 안전성조사 업무처리 세부실시요령 제13조
　　　1. 부적합 품종은 부적합이 발생한 날로부터 12개월 동안 2개월 주기로 검출된 유해물질에 대해 안전성조사를 실시하여야 한다. 이 경우 해당 양식장에 같은 품종을 입식하거나 타 수조에 있는 같은 품종도 함께 특별관리를 실시하여야 한다.
　　　2. 타 품종은 제5항제1호의 방법에 의해 관리하되, 1회 이상 안전성조사를 실시한 결과 유해물질이 검출되지 않은 경우 관리를 종료할 수 있다.

05 농수산물의 원산지 표시에 관한 법령상 수산물이나 그 가공품을 조리하여 판매하는 음식점에서 수산물 또는 그 가공품의 원료에 대하여 원산지를 표시하여야 한다. 음식점에서 조리하여 판매하는 다음 〈보기〉 중 원산지 표시 대상이 아닌 것을 모두 골라 답란에 쓰시오. [3점]

┤ 보기 ├

미꾸라지튀김　황태찜　오징어숙회　연포탕　대게찜　꽁치구이

정답 황태찜, 대게찜, 꽁치구이

해설 원산지 표시 대상
넙치, 조피볼락, 참돔, 미꾸라지, 뱀장어, 낙지, 명태(황태, 북어 등 건조한 것은 제외한다), 고등어, 갈치, 오징어, 꽃게 및 참조기(해당 수산물가공품을 포함한다)

06 식품공전에 규정된 통조림 식품의 제조·가공 기준 및 가열 지표세균에 관한 내용이다. 괄호 안에 알맞은 숫자와 세균명을 답란에 쓰시오. [2점]

> 장기보존식품인 통조림의 멸균은 제품의 중심온도가 120℃, (①)분간 또는 이와 동등 이상의 효력을 갖는 방법으로 열처리하여야 한다. pH 4.6을 초과하는 저산성 식품은 제품의 내용물, 가공장소, 제조일자를 확인할 수 있는 기호를 표시하고, 멸균 공정작업에 대한 기록을 보관하도록 하고 있다. 이러한 통조림의 가열 살균 또는 멸균의 지표세균은 (②)이다.

정답 ① 4 ② Botulinus균

해설 보툴리눔균은 고온에서도 살아남는 특성상 통조림 멸균의 지표세균이다.

07 수산물의 동결 및 저장 중에 발생되는 현상에 대한 내용이다. 괄호 안에 알맞은 용어를 쓰시오. [2점]

> • (①): 수산물을 급속히 냉각하면 동결점 이상의 온도에서도 세균의 세포막 손상 등으로 수산물에 있는 일부 세균이 사멸하는 현상
> • (②): 수산물의 동결 저장 중 표면의 얼음이 승화하여 다공질이 된 곳에 산소가 반응하여 갈변 등이 일어나는 현상

정답 ① 콜드쇼크(cold shock) ② 동결화상

08

A유통회사가 새우를 냉동상태에서 장기간 유통시켜 색깔이 검게 변해 상품성이 저하되었다. 이러한 현상의 발생 이유 중 효소적인 변색 원인물질과 효소명을 쓰시오. [2점]

정답 원인물질: 타이로신, 효소명: 타이로시나아제

해설 **효소적 갈변**

ⓐ 새우 등 갑각류가 변질에 의해 외관이 검게 변색되는 현상인 흑변은 대표적인 효소적 갈변이다.
  • 냉동새우의 흑변
    - 머리 부위에서 많이 발생한다.
    - 새우에 함유된 효소 작용에 의해 생성된다.
    - 흑변을 억제하기 위해서는 아황산수소나트륨($NaHSO_3$) 용액에 침지한다.
    - 최종 반응생성물은 멜라닌이다.
ⓑ 흑변은 갑각류의 티로시나아제(tyrosinase)에 의해 아미노산인 티로신(tyrosine)이 멜라닌으로 변하여 일어난다.
ⓒ 티로시나아제(tyrosinase)는 0℃에서도 활성이 완전히 정지하지 않으므로 흑변의 억제는 산성아황산나트륨($Na_2S_2O_5$) 용액에 침지 후 냉동하거나 가열처리하여 효소를 불활성화 시켜야 한다.
ⓓ 단백질이 주성분인 효소는 가열, pH의 변화로 단백질이 변성되어 불활성화 된다.

09

다음은 수산물도매시장의 주요 기능을 설명한 것이다. 각 역할에 해당하는 기능을 〈보기〉에서 찾아 답란에 쓰시오. [4점]

┤ 보기 ├

| 상적유통기능 | 물적유통기능 | 유통정보기능 | 수급조절기능 |

역 할	답란
수산물의 집하, 분산, 저장, 보관, 하역, 운송 등의 기능	①
수산물의 반입, 반출, 저장, 보관 등을 통해 수산물의 공급량을 조정하고 가격변동을 통하여 수요량을 조절하는 기능	②
수산물의 가격형성, 대금결제, 금융기능 등 매매 거래에 관한 기능	③
수산물의 시장동향, 가격정보 등의 수집 및 전달 기능	④

정답 ① 물적유통기능 ② 수급조절기능 ③ 상적유통기능 ④ 유통정보기능

해설 • 물적유통기능: 가공, 저장, 수송 등
• 수급조절기능: 수요와 공급에 따른 물량 조절
• 상적유통기능: 거래, 매매, 교환기능
• 유통정보기능: 시장정보, 가격정보, 재고현황 등

10 수산물도매시장의 유통주체에 관한 설명이다. 다음에서 설명하고 있는 역할에 해당하는 유통주체를 〈보기〉에서 찾아 답란에 쓰시오. [2점]

┤ 보기 ├

중도매인   산지유통인   도매법인   시장도매인   매매참가인

설 명	답란
수산물도매시장·수산물공판장 또는 민영수산물도매시장의 개설자에게 등록하고, 수산물을 수집하여 수산물도매시장·수산물공판장 또는 민영수산물도매시장에 출하(出荷)하는 영업을 하는 자를 말한다.	①
수산물도매시장·수산물공판장 또는 민영수산물도매시장의 개설자에게 신고를 하고, 수산물도매시장·수산물공판장 또는 민영수산물도매시장에 상장된 수산물을 직접 매수하는 자로서 중도매인이 아닌 가공업자·소매업자·수출업자 및 소비자단체 등 수산물의 수요자를 말한다.	②

(정답) ① 산지유통인 ② 매매참가인

(해설) **농수산물 유통 및 가격안정에 관한 법률**

"산지유통인"(産地流通人)이란 제29조, 제44조, 제46조 또는 제48조에 따라 농수산물도매시장·농수산물공판장 또는 민영농수산물도매시장의 개설자에게 등록하고, 농수산물을 수집하여 농수산물도매시장·농수산물공판장 또는 민영농수산물도매시장에 출하(出荷)하는 영업을 하는 자(법인을 포함한다. 이하 같다)를 말한다.

"매매참가인"이란 제25조의3에 따라 농수산물도매시장·농수산물공판장 또는 민영농수산물도매시장의 개설자에게 신고를 하고, 농수산물도매시장·농수산물공판장 또는 민영농수산물도매시장에 상장된 농수산물을 직접 매수하는 자로서 중도매인이 아닌 가공업자·소매업자·수출업자 및 소비자단체 등 농수산물의 수요자를 말한다.

11 수산물·수산가공품 검사기준에 관한 고시에서 규정하고 있는 관능검사기준에서 마른김 및 얼구운김의 형태 항목 중 특등에 해당하는 검사기준이다. 괄호 안에 알맞은 용어 또는 숫자를 답란에 쓰시오. [3점]

길이 206mm 이상, 너비 189mm 이상이고 형태가 바르며 (①), 구멍기가 없는 것. 다만, (②)은 길이 223mm 이상, 너비 (③)mm 이상인 것

정답 ① 축파지 ② 대판 ③ 195

해설 관능검사기준(건제품 − 마른김 및 얼구운김)

항목	검사기준				
	특등	1등	2등	3등	등외
형태	길이 206mm 이상, 너비 189mm 이상이고 형태가 바르며 축파지, 구멍기가 없는 것. 다만, 대판은 길이 223mm 이상, 너비 195mm 이상인 것	길이 206mm 이상, 너비 189mm 이상이고 형태가 바르며 축파지, 구멍기가 없는 것. 다만, 재래식은 길이 260mm 이상, 너비 190mm 이상, 대판은 길이 223mm 이상, 너비 195mm 이상인 것	좌와 같음	좌와 같음	길이 206mm, 너비 189mm이나 과도하게 가장자리를 치거나 형태가 바르지 못하고 경미한 축파지 및 구멍기가 있는 제품이 약간 혼입된 것. 다만, 재래식과 대판의 길이 및 너비는 1등에 준한다.
색택	고유의 색택(흑색)을 띠고 광택이 우수하고 선명한 것	고유의 색택을 띠고 광택이 우량하고 선명한 것	고유의 색택을 띠고 광택이 양호하고 사태가 경미한 것	고유의 색택을 띠고 있으나 광택이 보통이고 사태나 나부기가 보통인 것	고유의 색택이 떨어지고 나부기 또는 사태가 전체 표면의 20% 이하인 것
청태의 혼입	청태(파래·매생이)의 혼입이 없는 것	청태의 혼입이 3% 이내인 것 다만, 혼해태는 20% 이하인 것	청태의 혼입이 10% 이내인 것 다만, 혼해태는 30% 이하인 것	청태의 혼입이 15% 이내인 것 다만, 혼해태는 45% 이하인 것	청태의 혼입이 15% 이내인 것 다만, 혼해태는 50% 이하인 것
향미	고유의 향미가 우수한 것	고유의 향미가 우량한 것	고유의 향미가 양호한 것	고유의 향미가 보통인 것	고유의 향미가 다소 떨어지는 것

12 수산물품질관리사 A씨가 한천의 품질검사를 위하여 〈보기〉의 한천 제품에 대하여 제리(Jelly) 강도를 측정한 결과 모두 220g/cm²이었다. 제리(Jelly) 강도 측정 결과만으로 수산물·수산가공품 검사기준에 관한 고시에서 규정하고 있는 정밀검사기준에 따라 각각의 제품에 대한 등급을 판정하여 답란에 쓰시오. [3점]

┤ 보기 ├

① 실한천(C급)　　　② 실한천(J급)　　　③ 산한천(J급)

정답　① 2등　② 3등　③ 1등

해설　정밀검사기준(제리 강도 – 실한천)

기준		대상		
		1등	2등	3등
C급(100~300g/cm² 이상)	실한천(cm³낭)	300g 이상	200g 이상	100g 이상
J급(100~350g/cm² 이상)	실한천(cm³당)	350g 이상	250g 이상	100g 이상
	가루·인상한천(cm³당)	350g 이상	250g 이상	150g 이상
	산한천(cm³당)	200g 이상	100g 이상	–

13 수산물·수산가공품 검사기준에 관한 고시에서 규정하고 있는 정밀검사 항목 중 총수은의 검사대상이 아닌 것 2개를 〈보기〉에서 찾아 답란에 쓰시오. [2점]

┤ 보기 ├

오징어　　　금눈돔　　　정어리　　　은상어　　　멸치

정답　금눈돔, 은상어

해설　총수은 검사항목: 어류, 연체류, 패류, 냉동식용대구머리, 냉동창란(생물로 기준할 때)
　　　다만, 심해성 어류 및 다랑어류 및 새치류 제외
　　　㉑ 심해성 어류: 쏨뱅이류(적어 포함, 연안성어종 제외), 금눈돔, 칠성상어, 얼룩상어, 악상어, 청상아리, 기름치, 곱상어, 귀상어, 은상어, 청새리상어, 다금바리 등

14 수산물 표준규격에서 규정하고 있는 생굴의 등급규격이다. 괄호 안에 올바른 내용을 쓰시오. [3점]

항 목	특	상	보통
1개의 무게(g)	3 이상	3 이상	3 이상
다른 크기 및 외상 있는 것의 혼입률(%)	3 이하	5 이하	(①) 이하
색택	(②)	양호	보통
공통규격	• 고유의 색깔과 향미를 가지고 있어야 한다. • 다른 품종의 것이 없어야 한다. • 부서진 패각 및 기타 협잡물이 없어야 한다. • 내용물 중의 (③)은 혼탁되지 아니하여야 한다.		

(정답) ① 10 ② 우량 ③ 수질

(해설) 수산물(신선어패류) – 생굴 등급규격

항 목	특	상	보통
1개의 무게(g)	3 이상	3 이상	3 이상
다른 크기 및 외상 있는 것의 혼입률(%)	3 이하	5 이하	10 이하
색택(외투막)	경계가 선명하고 밝음	경계가 선명함	육안으로 경계의 구분이 가능함
색택(폐각근)	맑은 진주색을 띔	반투명의 크림색을 띔	연한 회색빛을 띔
냄새	비린내가 거의 없고 상쾌한 바다향이 남	강한 해초향이 남	해초향이 남
형태 및 단단함	단단하고 탄력이 있으며 형태가 온전함	단단하고 형태가 온전함	부드럽고 형태가 온전함
공통규격	• 고유의 색깔과 향미를 가지고 있어야 한다. • 다른 품종의 것이 없어야 한다. • 부서진 패각 및 기타 협잡물이 없어야 한다. • 내용물 중의 수질은 혼탁되지 아니하여야 한다.		

15 수산물·수산가공품 검사기준에 관한 고시에서 규정하고 있는 건제품의 합격기준에 관한 내용이다. 합격기준에 적합하면 ○, 적합하지 않으면 ×를 답란에 쓰시오. [2점]

〈합격기준〉
① 마른어류(어포 포함)의 형태는 형태가 바르고 손상이 적으며 충해가 약간 있는 것
② 마른굴의 색택은 고유의 색택으로 백분이 없고 기름이 피지 아니한 것
③ 찐톳 줄기(L)의 형태는 길이가 3cm 이상으로서 3cm 미만의 줄기와 잎의 혼입량이 3% 이하인 것

정답) ① × ② ○ ③ ×

해설 관능검사기준
[마른어류(어포 포함)]

항 목	합 격
형 태	**형태가 바르고 손상이 적으며 충해가 없는 것**
색 택	고유의 색택이 양호한 것
협잡물	토사 및 그 밖에 협잡물이 없는 것
향 미	고유의 향미를 가지고 이취가 없는 것

[마른굴 및 마른홍합]

항 목	합 격
형 태	형태가 바르고 크기가 고르며 파치품 혼입이 거의 없는 것
색 택	**고유의 색택으로 백분이 없고 기름이 피지 아니한 것**
협잡물	토사 및 협잡물이 없는 것
향 미	고유의 향미를 가지고 이취가 없는 것

[찐톳]

항 목	합 격
형 태	• **줄기(L): 길이는 3cm 이상으로서 3cm 미만의 줄기와 잎의 혼입량이 5% 이하인 것** • 잎(S): 줄기를 제거한 잔여분(길이 3cm 미만의 줄기 포함)으로서 가루가 섞이지 아니한 것 • 파치(B): 줄기와 잎의 부스러기로서 가루가 섞이지 아니한 것
색 택	광택이 있는 흑색으로서 착색은 찐톳원료 또는 감태 등 자숙 시 유출된 액으로 고르게 된 것
선 별	줄기와 잎을 구분하고 잡초의 혼입이 없으며 노쇠 등 여윈 제품의 혼입이 없는 것
협잡물	토사·패각 등 협잡물의 혼입이 없는 것
취 기	곰팡이 냄새 또는 그 밖에 이취가 없는 것

16 수산물과 수산특산물의 품질인증 세부기준에서 정하고 있는 수산물과 수산특산물의 품목별 품질기준 중 마른오징어의 중량과 수분 기준을 답란에 쓰시오. [2점]

- 중량: (①)g 이상/마리
- 수분: (②)% 이하

정답 ① 60 ② 23.0

해설 수산물의 품질기준

품 목	중량(크기)	수분	혼입율 등
마른오징어	60g 이상/마리	23.0% 이하	
덜마른오징어	80g 이상/마리	50.0% 이하	

17 식품공전에서 규정하고 있는 일반시험법 중 식염을 측정하는 방법인 회화법에서 사용되는 시약 2가지를 쓰시오. [2점]

정답 1. 크롬산칼륨
2. 질산은

해설 **염분(회화법)**
  ㉠ 분석원리
    전처리한 검체용액을 비커에 넣고 크롬산칼륨(K_2CrO_4)시액 몇방울 가한 후 뷰렛 등으로 질산은($AgNO_3$) 표준용액을 적하하면 Cl^-은 전부 AgCl의 백색침전으로 되고 또 K_2CrO_4와 반응하여 크롬산은(Ag_2CrO_4)의 적갈색침전이 생기기 시작하므로 완전히 **적갈색**으로 변하는데 소비되는 $AgNO_3$액의 양으로 정량하는 방법이다.

    > 소금물 + K_2CrO_4 + $AgNO_3$ → AgCl(백색침전) + Ag_2CrO_4 (크롬산은: 적갈색침전)

  ㉡ 시험방법
    식염 약 1g을 함유하는 양의 검체를 취하여 필요한 경우 수욕상에서 증발건고한 후 회화시켜 이를 물에 녹이고 다시 물을 가하여 500mL로 한 후 여과하고 여액 10mL에 크롬산칼륨시액 2~3방울을 가하고 0.02N 질산은 액으로 적정한다.

18 식품공전에서 규정하고 있는 수산물에 대한 규격 중 수은(Hg)의 분석에 관한 내용이다. 괄호 안에 알맞은 용어를 답란에 쓰시오. [3점]

수은(Hg)의 분석은 (①)환류법으로 시험용액을 조제하고, 시료 중 수은을 환원기화법 또는 (②)으로 측정한다.

정답 1. 황산 – 질산
2. 금아말감법

해설 **수은 측정 황산 – 질산환류법**
측정
㉠ 원자흡광광도법에 의한 정량(환원기화법)
  시험용액을 환원기화장치를 이용하여 흡광도를 측정한다.
㉡ 원자흡광광도법에 의한 정량(금아말감법)
  시료 중 수은을 금아말감으로 포집하여 냉원자흡광법으로 측정한다.

19 식품공전에서 규정하고 있는 식품의 수분측정법 중 상압가열건조법의 가열온도에 관한 내용이다. 식물성 식품, 동물성 식품과 단백질 함량이 많은 식품에 적합한 가열온도를 〈보기〉에서 찾아 답란에 쓰시오. [2점]

┤ 보기 ├
80~95℃   98~100℃   105℃ 전후(100~110℃)   110℃ 이상

정답 ① 식물성 식품: 105℃ 전후(100~110℃)
② 동물성 식품과 단백질 함량이 많은 식품: 98~100℃

해설 이 시험법은 식품의 종류, 성질에 따라서 가열온도를 ㉮ 98~100℃ ㉯ 100~103℃ ㉰ 105℃ 전후 (100~110℃) 및 ㉱ 110℃ 이상으로 한다.
즉, ㉮는 동물성 식품과 단백질 함량이 많은 식품 ㉯는 자당과 당분을 많이 함유한 식품 ㉰는 식물성 식품 ㉱는 곡류 등의 신속법으로 쓰인다.

20 식품공전에서 규정하고 있는 일반세균수를 측정하는 방법 중 표준평판법의 집락수 산정과 세균수의 기재보고에 관한 내용이다. 괄호 안에 알맞은 숫자를 답란에 쓰시오. [3점]

- (집락수 산정)
  집락수의 계산은 확산집락이 없고(전면의 1/2 이하일 때에는 지장이 없음) 1개의 평판 당(①)~300개의 집락을 생성한 평판을 택하여 집락수를 계산하는 것을 원칙으로 한다.
- (세균수의 기재보고)
  표준평판법에 있어서 검체 1mL 중의 세균수를 기재 또는 보고할 경우에 숫자는 높은 단위로부터 3단계에서 반올림하여 유효숫자를 (②)단계로 끊어 이하를 (③)으로 한다.

정답 ① 15 ② 2 ③ 0

해설 **표준평판법**
표준한천배지에 검체를 혼합 응고시켜 배양 후 발생한 세균 집락수를 계수하여 검체 중의 생균수를 산출하는 방법이다.

집락수 산정
배양 후 즉시 집락 계산기를 사용하여 생성된 집락수를 계산한다. 부득이할 경우에는 5℃에 보존시켜 24시간 이내에 산정한다. 집락수의 계산은 확산집락이 없고(전면의 1/2 이하일 때에는 지장이 없음) 1개의 평판당 15~300개의 집락을 생성한 평판을 택하여 집락수를 계산하는 것을 원칙으로 한다. 전 평판에 300개 이상 집락이 발생한 경우 300에 가까운 평판에 대하여 밀집평판 측정법에 따라 계산한다. 전 평판에 15개 이하의 집락만을 얻었을 경우에는 가장 희석배수가 낮은 것을 측정한다.

세균수의 기재보고
표준평판법에 있어서 검체 1mL 중의 세균수를 기재 또는 보고할 경우에 그것이 어떤 제한된 것에서 발육한 집락을 측정한 수치인 것을 명확히 하기 위하여 1평판에 있어서의 집락수는 상당 희석배수로 곱하고 그 수치가 표준평판법에 있어서 1mL 중(1g 중)의 세균수 몇 개라고 기재보고하며 동시에 배양온도를 기록한다. 숫자는 높은 단위로부터 3단계에서 반올림하여 유효숫자를 2단계로 끊어 이하를 0으로 한다.

21 다음은 농수산물품질관리법상 유전자변형수산물 표시의무자인 A씨의 위반사항을 나타낸 것이다. A씨에게 적용된 벌칙기준을 쓰고, 동일 벌칙기준이 적용되는 금지행위(기 처분 사유가 된 금지행위 제외) 1가지를 서술하시오. [5점]

> 수산물 판매업을 하는 A씨가 유전자변형수산물을 거짓으로 표시하여 판매할 목적으로 보관·진열하였다가 식품의약품안전처 직원의 정기조사에서 올해 상반기 1회 적발되어 벌금형을 받은 이력이 있으며, 또 최근 A씨가 유전자변형수산물의 표시를 혼동하게 할 목적으로 그 표시를 손상·변경하여 동일 처분을 받았다.

(정답) • 벌칙기준: 7년 이하의 징역 또는 1억 원 이하의 벌금
> • 금지행위: 유전자변형농수산물의 표시를 한 농수산물에 다른 농수산물을 혼합하여 판매하거나 혼합하여 판매할 목저으로 보관 또는 진열

22 냉동연육 제조 시 어육을 수세(水洗)하는 이유 2가지와 연육에 당을 첨가하는 이유 1가지를 서술하시오. [5점]

(정답) • 수세 이유: 수용성 단백질과 지질 제거
> • 당 첨가 이유: 습윤효과와 보습효과 및 감미

23 농수산물품질관리법령상 수산물 및 수산가공품에 대한 검사의 종류 중에서 관능검사를 하는 수산물·수산가공품의 대상을 법에서 규정하고 있는 대로 4가지를 서술하시오. (예시: △△에서 ○○하는 수산물·수산가공품) [5점]

(정답) 1. 수산물 및 수산가공품으로서 외국요구기준을 이행했는지를 확인하기 위하여 품질·포장재·표시사항 또는 규격 등의 확인이 필요한 수산물·수산가공품
> 2. 검사신청인이 위생증명서를 요구하는 수산물·수산가공품(비식용수산·수산가공품은 제외한다)
> 3. 정부에서 수매·비축하는 수산물·수산가공품
> 4. 국내에서 소비하는 수산물·수산가공품

24 수산물을 염장하는 방법 중 물간법의 장점을 3가지만 서술하시오. [5점]

> (정답) ① 소금의 침투가 균일하다.
> ② 산화가 적다.
> ③ 탈수가 적어 외관, 풍미, 수율이 좋다.
> ④ 제품의 짠맛을 조절할 수 있다.

25 최근에는 인터넷이나 개인용 컴퓨터 통신과 같은 전자매체를 통해 수산물 마케팅이 활성화되고 있다. 다음의 전자상거래 유형에 관하여 설명하시오. [5점]

유형	설명
B2C	
B2G	
C2G	

> (정답)
>
> | 유형 | 설명 |
> |------|------|
> | B2C | 기업과 개인 간 전자상거래(B2C, Business-to-Customer) |
> | B2G | 기업과 정부 간 전자상거래(B2G, Business-to-Government) |
> | C2G | 국민과 정부 간 전자상거래(C2G, Customer-to-Government) |

> (해설) **전자상거래 유형**
> • 기업과 개인 간 전자상거래(B2C, Business-to-Customer)
> • 기업과 기업 간 전자상거래(B2B, Business-to-Business)
> • 개인과 개인 간 전자상거래(C2C, Customer-to-Customer)
> • 국민과 정부 간 전자상거래(C2G, Customer-to-Government)
> • 기업과 정부 간 전자상거래(B2G, Business-to-Government) 등

26 A회사는 냉동연육(포장된 제품) 800박스를 국립수산물품질관리원에 관능검사를 신청하였다. 검사신청을 받은 국립수산물품질관리원의 검사관은 수산물품질관리법령상 수산물 및 수산가공품에 대한 검사의 종류 및 방법, 수산물·수산가공품 검사기준에 따라 관능검사를 실시하려고 한다. 이때 관능검사시료는 몇 개를 채점하여야 하는지 쓰고, 관능검사기준 항목 중 형태, 육질, 온도의 합격기준에 관하여 서술하시오. [5점]

• 채점개수: 5개

• 합격기준

① 형태: 고기갈이 및 연마상태가 보통이상인 것

② 육질: 절곡시험 C급 이상인 것으로 육질이 보통인 것

③ 온도: 제품 중심온도가 -18℃ 이하인 것

관능검사기준(냉동품 – 연육)

항 목	합 격
형 태	고기갈이 및 연마상태가 보통이상인 것
색 택	색택이 양호하고 변색이 없는 것
냄 새	신선하여 이취가 없는 것
잡 물	뼈 및 껍질 그 밖에 협잡물이 없는 것
육 질	절곡시험 C급 이상인 것으로 육질이 보통인 것
온 도	제품 중심온도가 -18℃ 이하인 것

관능검사

① 무포장 제품(단위 중량이 일정하지 않은 것)

신청 로트(Lot)의 크기		관능검사 채점 지점(마리)
	1톤 미만	2
1톤 이상	3톤 미만	3
3톤 이상	5톤 미만	4
5톤 이상	10톤 미만	5
10톤 이상	20톤 미만	6
20톤 이상		7

② 포장 제품(단위 중량이 일정한 블록형의 무포장 제품을 포함한다)

신청 개수		추출 개수	채점 개수
	4개 이하	1	1
5개 이상	50개 이하	3	1
51개 이상	100개 이하	5	2
101개 이상	200개 이하	7	2
201개 이상	300개 이하	9	3
301개 이상	400개 이하	11	3
401개 이상	500개 이하	13	4
501개 이상	700개 이하	15	5
701개 이상	1,000개 이하	17	5
1,001개 이상		20	6

27 국립수산물품질관리원의 검사관 A씨는 관능검사를 실시하고 다음과 같이 기록하였다. A씨의 관능검사 기록을 바탕으로 수산물·수산가공품 검사기준에 관한 고시에 따라 마른톳의 등급을 판정하고 판정이유와 마른오징어의 합격·불합격을 판정하고 판정이유를 각각 서술하시오. (단, 다른 검사항목은 고려하지 않음) [5점]

〈A씨의 관능검사 기록〉

① 마른톳
- 원료: 산지 및 채취의 계절이 동일하고 조체발육이 우량함
- 색택: 고유의 색택으로서 우량하며 변질되지 않음
- 협잡물: 다른 해조 및 토사 그 밖에 협잡물이 2.1%임

② 마른오징어
- 형태: 흡반의 탈락이 적음
- 색택: 색택이 보통이며 얼룩이 거의 없음
- 곰팡이, 적분, 협잡물: 거의 없음

정답 ① 마른톳의 등급을 판정하고 판정이유
- 등급판정: 2등
- 판정이유: 협잡물 3% 이하(1% 이하: 1등, 5% 이하: 3등)

② 마른오징어의 합격·불합격을 판정하고 판정이유
- 등급판정: 불합격
- 판정이유: 곰팡이와 협잡물이 없어야 합격

해설 [마른톳 등급규격]

항 목	1등	2등	3등
원 료	산지 및 채취의 계절이 동일하고 조체발육이 우량한 것	산지 및 채취의 계절이 동일하고 조체발육이 양호한 것	산지 및 채취의 계절이 동일하고 조체발육이 보통인 것
색 택	고유의 색택으로서 우량하며 변질이 아니된 것	고유의 색택으로서 우량하며 변질이 아니된 것	고유의 색택으로서 보통이며 변질이 아니된 것
협잡물	다른 해조 및 토사 그 밖에 협잡물이 1% 이하인 것	다른 해조 및 토사 그 밖에 협잡물이 3% 이하인 것	다른 해조 및 토사 그 밖에 협잡물이 5% 이하인 것

[마른오징어 등급규격]

항 목	합 격
형 태	1. 형태가 바르고 손상이 없으며 흡반의 탈락이 적은 것 2. 썰거나 찢은 것은 크기가 고른 것
색 택	색택이 보통이며 얼룩이 거의 없는 것
곰팡이 및 적분	곰팡이가 없고 적분이 거의 없는 것
협잡물	토사 및 그 밖에 협잡물이 없는 것
향 미	고유의 향미를 가지고 이취가 없는 것
선 별	크기가 대체로 고른 것

28 식품공전에서 규정하고 있는 관능검사기준 중 냉동품의 선도, 건조 및 유소의 합격기준에 관하여 서술하시오. [5점]

정답

항 목	합격기준
선도	1. 선도가 우량하고 고유의 신선취가 있는 것은 5점으로 한다. 2. 선도가 양호하고 고유의 신선취 정도에 따라 4점 또는 3점으로 한다. 3. 선도가 떨어지고 이취(유화수소, 암모니아취)가 약간 있는 것은 2점으로 한다. 4. 선도가 불량하고 이취(유화수소, 암모니아취)가 있는 것은 1점으로 한다.
건조 및 유소	1. 충분히 그레이징하거나 포장하여 건조 및 유소현상이 없는 것은 5점으로 한다. 2. 건조 및 유소현상이 비교적 없는 것은 그 정도에 따라 4점 또는 3점으로 한다. 3. 건조 및 유소현상이 보통인 것은 2점으로 한다. 4. 건조 및 유소현상이 심한 것은 1점으로 한다.

* 합격기준: 채점한 결과가 평균 3점 이상이고, 1점 항목이 없어야 한다.

29 식품공전에서 규정하고 있는 식용 가능한 복어의 종류를 5가지만 쓰고, 초산추출법으로 조제된 시험용액을 이용한 복어독력시험법에 관하여 서술하시오. [5점]

정답 (1) 식용 가능한 복어의 종류: 복섬, 흰점복, 졸복, 검복, 황복
(2) 마우스의 복강주사법
　① 마우스ICR계 또는 ddy계의 동일 계통의 생후 4주된 19~21g의 건강한 수컷을 사용한다.
　② 시험용액 1mL을 2마리의 마우스 복강 내에 주사하고 주사 후부터 사망까지의 시간을 초단위로 기록한다. 사망 시에는 3마리 이상의 마우스를 취하여 복강 내에 주사하여 반수치사시간(50% lethal time, LT50)을 구한다. 다만, 마우스가 7분 이내에 사망한 경우 7~13분 정도에서 사망하도록 시험용액을 희석하고 마우스 복강 내에 주사하여 반수치사시간(50% lethal time, LT50)을 구한다. 희석시에는 증류수를 사용한다.
　③ 계산: 살아남은 것을 포함한 마우스의 반수치사시간(50% lethal time, LT50)으로부터 표 1에 의한 MU를 구한다. 만일 마우스가 19g 이하 혹은 21g 이상이면 표 2에서 각 마우스 체중에 대한 MU를 보정한 후 중앙값을 구하여 다음 식에 의해 검체 1g당의 MU를 구한다.

> 독력(MU/g)＝치사시간 및 체중보정에 의한 MU × 희석배수 × V / S

S: 검체의 채취량 (g)
V: 추출(1)법 50 (mL)

30 식품공전에서 규정하고 있는 수산물 중 신선 · 냉장품의 선도 항목을 관능검사할 때 선도, 신선취 또는 이취의 채점기준에 관하여 서술하시오. [5점]

정답 합격기준
① 선도: 선도가 양호한 것
② 냄새: 신선하여 이취가 없는 것

해설 관능검사기준(신선 · 냉장품)

항 목	합 격
형 태	손상과 변형이 없고 처리상태가 양호한 것
색 택	고유의 색택으로 양호한 것
선 도	**선도가 양호한 것**
선 별	크기가 대체로 고르고 다른 종류가 혼입되지 아니한 것
잡 물	혈액 등의 처리가 잘 되고 그 밖에 협잡물이 없는 것
냄 새	**신선하여 이취가 없는 것**

수산물품질관리사 2차 시험 기출문제

※ 단답형 문제에 대해 답하시오. (1~20번 문제)

01 농수산물품질관리법령상 '유전자변형수산물 표시의무자'가 유전자변형수산물 표시위반으로 공표명령을 받은 경우 지체없이 공표문을 전국을 보급지역으로 하는 1개 이상의 일반일간신문에 게재하여야 한다. 이 공표문의 내용에 포함되는 것을 보기에서 모두 골라 답란에 쓰시오. [2점]

┤ 보기 ├

수산물의 명칭, 수산물의 산지, 수산물의 가격, 위반내용, 영업의 종류

(정답) 수산물의 명칭, 위반내용, 영업의 종류

(해설) **공표문의 내용**
1. 「농수산물 품질관리법」 위반사실의 공표"라는 내용의 표제
2. 영업의 종류
3. 영업소의 명칭 및 주소
4. 농수산물의 명칭
5. 위반내용
6. 처분권자, 처분일 및 처분내용

02 농수산물품질관리법령상 '지정해역의 지정'에 관한 설명이다. 괄호 안에 알맞은 용어를 답란에 쓰시오. [4점]

누구든지 지정해역 및 지정해역으로부터 (①) 이내에 있는 해역에서 오염물질을 배출하는 행위를 하여서는 아니 된다.

해양수산부장관은 (②) 이상의 기간 동안 매월 1회 이상 위생에 관한 조사를 하여 그 결과가 지정해역위생관리기준에 부합하는 경우 '일반지정해역'으로 지정할 수 있다.

해양수산부장관은 1년 이상의 기간 동안 매월 1회 이상 위생에 관한 조사를 하여 그 결과가 지정해역위생관리기준에 부합하는 경우 (③)으로 지정할 수 있다.

국립수산과학원장은 위생조사를 한 결과 지정해역이 지정해역위생관리기준에 부합하지 아니하게 된 경우에는 지체 없이 그 사실을 해양수산부장관, (④) 및 특별시장·광역시장·도지사·특별자치도지사에게 보고하거나 통지하여야 한다.

해설 ① 누구든지 지정해역 및 지정해역으로부터 1킬로미터 이내에 있는 해역(이하 "주변해역"이라 한다)에서 다음 각 호의 어느 하나에 해당하는 행위를 하여서는 아니 된다.
1. 「해양환경관리법」 제22조제1항제1호부터 제3호까지 및 같은 조 제2항에도 불구하고 같은 법 제2조 제11호에 따른 오염물질을 배출하는 행위
2. 「수산업법」 제8조제1항제4호에 따른 어류등양식어업(이하 "양식어업"이라 한다)을 하기 위하여 설 치한 양식어장의 시설(이하 "양식시설"이라 한다)에서 「해양환경관리법」 제2조제11호에 따른 오염 물질을 배출하는 행위
3. 양식어업을 하기 위하여 설치한 양식시설에서 「가축분뇨의 관리 및 이용에 관한 법률」 제2조제1호 에 따른 가축(개와 고양이를 포함한다. 이하 같다)을 사육(가축을 방치하는 경우를 포함한다. 이하 같다)하는 행위
② 일반지정해역: 2년 6개월 이상의 기간 동안 매월 1회 이상 위생에 관한 조사를 하여 그 결과가 지정해 역위생관리기준에 부합하는 경우
③ 잠정지정해역: 1년 이상의 기간 동안 매월 1회 이상 위생에 관한 조사를 하여 그 결과가 지정해역위생 관리기준에 부합하는 경우
④ 국립수산과학원장은 제1항에 따라 위생조사를 한 결과 지정해역이 지정해역위생관리기준에 부합하지 아니하게 된 경우에는 지체 없이 그 사실을 해양수산부장관, 국립수산물품질관리원장 및 시·도지사 에게 보고하거나 통지하여야 한다.

03 농수산물품질관리법령상 검사나 재검사를 받은 수산물 또는 수산가공품에 대한 검사판정 취소에 관한 설명이다. 옳으면 ○, 틀리면 ×를 답란에 표시하시오. [1점]

설 명	답란
검사 또는 재검사 결과의 표시를 위조하거나 변조한 사실이 확인된 경우에는 검 사판정을 취소할 수 있다.	①
검사 또는 재검사의 검사증명서를 위조하거나 변조한 사실이 확인된 경우에는 검사판정을 취소할 수 있다.	②
검사 또는 재검사를 받은 수산물 또는 수산가공품의 포장이나 내용물을 바꾼 사 실이 확인된 경우에는 검사판정을 취소하여야 한다.	③
거짓이나 그 밖의 부정한 방법으로 검사를 받은 사실이 확인된 경우에는 검사판 정을 취소하여야 한다.	④

해설 **제97조(검사판정의 취소)** 해양수산부장관은 제88조에 따른 검사나 제96조에 따른 재검사를 받은 수산물 또는 수산가공품이 다음 각 호의 어느 하나에 해당하면 검사판정을 취소할 수 있다. 다만, 제1호에 해당하면 검사판정을 취소하여야 한다.
1. 거짓이나 그 밖의 부정한 방법으로 검사를 받은 사실이 확인된 경우
2. 검사 또는 재검사 결과의 표시 또는 검사증명서를 위조하거나 변조한 사실이 확인된 경우
3. 검사 또는 재검사를 받은 수산물 또는 수산가공품의 포장이나 내용물을 바꾼 사실이 확인된 경우

04 다음은 수산물의 저장과 관련된 내용이다. 괄호 안에 알맞은 용어를 답란에 쓰시오.　　[3점]

> 수산물을 저장하기 위하여 온도를 낮추어 동결시키면 수산물 중 수분은 얼게 되어 빙결정(얼음결정)이 발생하게 된다. 이때 수산물 중에 빙결정이 생기기 시작하는 온도를 (①)이라 한다. 또한 수산물 중의 모든 수분이 얼게 되어 동결을 완료하는 온도를 (②)이라 한다. 이처럼 수산물을 냉각동결시킬 때 시간의 경과에 따라 수산물의 품온 변화를 나타낸 곡선을 (③)이라 한다.

(정답) 동결점(빙결점), 공정점, 동결(냉동)곡선

해설 • 빙결점(동결점): 냉동품이 얼기 시작하는 온도
　　㉠ 담수어: -0.5℃
　　㉡ 회유성 어류: -1.0℃
　　㉢ 저서성 어류: -0.2℃
• 공정점: 동결품 내 수분이 완전히 얼었을 때의 온도(-55 ~ 60℃)

05 수산물(선어·냉동품)을 저온유통체계(Cold Chain System)로 유통하는 2가지 장점을 쓰시오.
　　[2점]

(정답) 선도 유지, 출하 조절, 안전성 확보

해설 콜드체인(cold chain) 시스템이란 어획 후 선별포장하여 예냉하고 저온 저장하거나 냉장차로 저온 수송하여 전 유통과정을 제품의 신선도 유지에 적합한 온도로 관리하여 어획 직후의 신선한 상태 그대로 소비자에게 공급하는 유통체계로 신선도 유지, 출하 조절, 안전성 확보 등을 위해서 중요한 시스템이다.

06 다음은 수산물의 수확 후 처리에 관련된 내용이다. 괄호 안에 알맞은 용어를 답란에 쓰시오.
[2점]

> 냉동어류를 냉수 중에 수 초간 담그거나 냉수분무하면 냉동어체표면에 형성되는 얇은 얼음막을 입히는 처리를 (①)이라 하며, 이런 처리방법으로는 (②)와(과) (③)이(가) 있다.

(정답) ① 빙의(글레이징) ② 수빙법 ③ 냉수분무법

(해설) **빙의처리**
동결식품을 냉수 중에 수초 동안 담갔다가 건져 올리거나 또는 표면에 냉수를 분무하면 부착한 수분은 곧 얼어붙어 표면에 얼음의 엷은 막이 생기는데 이것을 빙의라고 하며, 이 빙의를 입히는 처리를 글레이징(glazing)이라 한다. 글레이징은 동결식품을 공기와 차단하여 건조나 산화에 의한 표면 변질을 막는 보호 처리이다.

수빙법
쇄빙을 섞은 냉각해수 중에 어패류를 저장하는 방법

07 다음은 수산물소비지도매시장 유통주체의 주된 역할을 제시하였다. 각 역할에 해당하는 유통주체를 아래의 〈보기〉에서 찾아 답란에 쓰시오. [4점]

┤ 보기 ├
도매시장개설자, 중도매인, 도매시장법인, 경매사, 산지유통인, 매매참가인

역 할	답란
수산물의 사용 및 효용가치를 찾아내는 선별기능과 경매나 입찰을 통해 가격을 결정하는 역할	①
전국적으로 분산되어 있는 다양한 수산물을 수집하여 소비지 도매시장에 출하하는 역할	②
도매시장 거래에 자유로이 참가하여 구매할 수 있는 자격을 가진 자로서 대형소매점 등과 직접 접촉을 통해 소비정보를 전달하는 역할	③
수집상으로부터 출하 받은 수산물을 상장 및 진열하는 기능과 경매사를 통해 가격을 형성하는 역할	④

(정답) ① 중도매인 ② 산지유통인 ③ 매매참가인 ④ 도매시장법인

08 다음은 연근해어획물 생산자가 수협에 수산물의 판매를 위탁하고, 수협의 책임 하에 공동판매하는 일반적인 유통경로이다. 괄호 안에 알맞은 용어를 답란에 쓰시오. [1점]

> 생산자 → (①) → 산지중도매인 → (②) → 소비지중도매인 → 도매상 → 소매상 → 소비자

정답 ① 산지위판장 ② 소비지도매시장

해설 **산지위판장**
「수산물협동조합법」에 따른 지구별 수산업협동조합, 업종별 수산업협동조합 및 수산물가공 수산업협동조합, 수산업협동조합중앙회, 생산자 단체 등이 어업인이 생산한 수산물을 도매하기 위하여 시장·군수·구청장의 허가를 받아 개설한 장소

09 다음은 고등어 유통과정을 나타낸 것으로 전체 유통마진율과 소매 유통마진율을 계산하시오. [2점]

> 어업인 A씨는 부산공동어시장에서 고등어 20마리들이(10kg)의 100상자를 4,000,000원에 경매받았다. 노량진수산물도매시장을 거친 이 고등어를 화곡동 재래시장의 식료품 가게주인 B씨가 중도매인으로부터 1상자를 60,000원에 구입하여, 소비자 C씨에게 1마리를 4,000원에 판매하였다. 단, 고등어의 규격과 품질은 동일한 것으로 가정한다.

정답 전체 유통마진율: 50%, 소매 유통마진율: 25%

해설 A씨(1상자당 40,000원 매입), B씨(1상자 60,000원 매입), C씨(20마리 1상자 80,000원 매입)
- 전체 유통마진율: $(80,000 - 40,000) / 80,000 = 50\%$
- 소매 유통마진율: $(80,000 - 60,000) / 80,000 = 25\%$

10 수산물 유통은 수산물 생산자와 최종 소비자를 연결시켜 주는 중간역할 기능을 지니고 있다. 다음 각 항목의 설명에 적합한 유통기능을 〈보기〉에서 찾아 답란에 쓰시오.　　　　[4점]

┤ 보기 ├

집적기능, 보관기능, 선별기능, 정보전달기능, 운송기능, 거래기능

설 명	답란
수산물 생산자와 소비자간의 소유권 거리 및 가치의 거리를 연결시켜 주는 기능	①
수산물 생산시기와 소비시기 사이의 시간의 거리를 연결시켜 주는 기능	②
소량 분산적으로 이루어지는 수산물을 대도시 소비자나 중간 가공수요 대응을 위해 모으는 기능	③
수산물의 원산지, 냉동·선어 등의 신선도 등 상품에 대한 인식의 거리를 연결시켜 주는 기능	④

(정답) ① 거래기능 ② 보관기능 ③ 집적기능 ④ 정보전달기능

11 수산물 표준규격의 정의이다. 괄호 안에 올바른 용어를 답란에 쓰시오. [2점]

- (①)이란 거래단위, 포장치수, 포장재료, 포장방법, 포장설계 및 표시사항 등을 말한다.
- (②)이란 수산물의 품종별 특성에 따라 형태, 크기, 색택, 신선도, 건조도 또는 선별 상태 등 품질구분에 필요한 항목을 설정하여 특, 상, 보통으로 정한 것을 말한다.

(정답) ① 포장규격 ② 등급규격

해설　**수산물 표준규격(국립수산물품질관리원장고시)**

제2조(정의) 이 고시에서 사용하는 용어의 뜻은 다음과 같다.
1. "표준규격품"이란 이 고시에서 정한 포장규격 및 등급규격에 맞게 출하하는 수산물을 말한다. 다만, 등급규격이 제정되어 있지 않은 품목은 포장규격에 맞게 출하하는 수산물을 말한다.
2. "포장규격"이란 포장치수, 포장재료, 포장방법, 포장설계 및 표시사항 등을 말한다.
3. "등급규격"이란 수산물의 품종별 특성에 따라 형태, 크기, 색택, 신선도, 건조도 또는 선별상태 등 품질구분에 필요한 항목을 설정하여 특, 상, 보통으로 정한 것을 말한다.

12 수산물·수산가공품 검사기준에 관한 고시에서 규정하고 있는 염장품의 관능검사 합격기준에 관한 내용이다. 옳으면 ○, 틀리면 ×를 답란에 표시하시오. [3점]

내 용	답란
성게젓의 형태는 미숙한 생식소의 혼입이 적고 이종품의 혼입이 거의 없으며 알모양이 대체로 뚜렷한 것	①
명란젓 및 명란맛젓의 형태는 크기가 고르고 생식소의 충전이 양호하고 파란 및 수란이 적은 것	②
새우젓의 액즙은 정미량의 50% 이하인 것	③

정답 ① ○ ② ○ ③ ×

해설 관능검사기준(염장품)

[성게젓]

항 목	합 격
형 태	미숙한 생식소의 혼입이 적고 이종품의 혼입이 거의 없으며 알모양이 대체로 뚜렷한 것
색 택	고유의 색택이 양호한 것
협잡물	토사 및 그 밖에 협잡물이 없는 것
향 미	고유의 향미를 가지고 이취가 없는 것

[명란젓 및 명란맛젓]

항 목	합 격
형 태	크기가 고르고 생식소의 충전이 양호하고 파란 및 수란이 적은 것
색 택	색택이 양호한 것
협잡물	협잡물이 없는 것
향 미	고유의 향미를 가지고 이취가 없는 것
처 리	처리상태 및 배열이 양호한 것
첨가물	제품에 고르게 침투한 것

[새우젓]

항 목	합 격
형 태	새우형태를 가지고 있어야 하며 부스러진 새우의 혼입이 적은 것
색 택	고유의 색택이 양호하고 변색이 없는 것
협잡물	토사 및 그 밖에 협잡물이 없는 것
향 미	고유의 향미를 가지고 이취가 없는 것
액 즙	정미량의 20% 이하인 것
처 리	숙성이 잘 되고 이종새우 및 잡어의 선별이 잘된 것

13 수산물 표준규격에서 규정하고 있는 굴비의 등급규격이다. 괄호 안에 올바른 규격을 답란에 쓰시오. [4점]

항 목	특	상	보통
1마리의 크기(전장, cm)	(①) 이상	15 이상	15 이상
다른 크기의 것의 혼입율(%)	0	(②) 이하	30 이하
색택	우량	양호	(③)
공통규격	• 고유의 향미를 가지고 다른 냄새가 없어야 한다. • (④)가 균일한 것으로 엮어야 한다.		

정답 ① 20 ② 10 ③ 보통 ④ 크기

해설 굴비

항목	특	상	보통
1마리의 크기(전장, cm)	20 이상	15 이상	15 이상
다른 크기의 것의 혼입률(%)	0	10 이하	30 이하
색택	우량	양호	보통
공통규격	• 고유의 향미를 가지고 다른 냄새가 없어야 한다. • 크기가 균일한 것으로 엮어야 한다.		

14 수산물 · 수산가공품 검사기준에 관한 고시에서 규정하고 있는 해산이매패 및 그 가공품에 대한 마비성패독(PSP)의 정밀검사기준을 답란에 쓰시오. [2점]

정답 80μg/100g 이하

해설 수산물 검사기준의 법령 개정으로 마비성패독의 기준이 삭제됨. 아래는 식품공전상 기준이다.
패독소 기준
㉠ 마비성패독: 패류, 피낭류(멍게, 미더덕, 오만둥이 등) 0.8mg/kg 이하
㉡ 설사성패독: 이매패류 0.16mg/kg 이하
㉢ 기억상실성패독: 패류, 갑각류 20mg/kg 이하

15 수산물·수산가공품 검사기준에 관한 고시에서 규정하고 있는 수산물 등의 표시기준 중 제품명, 중량(또는 내용량), 업소명(제조업소명 또는 가공업소명), 원산지명 등의 표시를 생략할 수 있는 경우 3가지를 답란에 쓰시오. [3점]

(정답) 1. 무포장
　　　 2. 대형수산물
　　　 3. 수입국에서 요구할 경우

(해설) 제4조(수산물 등의 표시기준)
① 수산물 등에는 제품명, 중량(또는 내용량), 업소명(제조업소명 또는 가공업소명), 원산지명 등을 표시하여야 한다. 다만, 외국과의 협약 또는 수입국에서 요구하는 표시기준이 있는 경우에는 그 기준에 따라 표시할 수 있다.
② 제1항의 규정에도 불구하고 무포장 및 대형수산물 또는 수입국에서 요구할 경우에는 그 표시를 생략할 수 있다.

16 농수산물품질관리법령상 수산물 및 수산가공품에 대한 검사의 종류 및 방법에 관한 내용이다. 괄호 안에 올바른 용어를 답란에 쓰시오. [2점]

(　　　　)란 오관(五官)에 의하여 그 적합 여부를 판정하는 검사이다.

(정답) 관능검사

17 수산물·수산가공품 검사기준에 관한 고시에서 규정하고 있는 용어의 정의이다. 괄호 안에 올바른 용어와 내용을 답란에 쓰시오. [2점]

(①)이라 함은 얼음 등을 이용하여 신선상태를 유지하거나 동결되지 아니 하도록 (②) 이하로 냉장한 수산동·식물을 말한다.

(정답) ① 신선냉장품 ② 10℃

(해설) "신선·냉장품"이라 함은 얼음 등을 이용하여 신선상태를 유지하거나 동결되지 아니 하도록 10℃ 이하로 냉장한 수산동·식물을 말한다.

18 수산물·수산가공품 검사기준에 관한 고시에서 규정하고 있는 냉동품 중에서 어·패류의 관능검사기준에 관한 설명이다. 괄호 안에 올바른 용어를 답란에 쓰시오. [3점]

항 목	합 격
온 도	(①)온도가 -18℃ 이하인 것 다만, (②) 참치류의 (③)온도는 -40℃ 이하인 것

정답 ① 중심 ② 횟감용 ③ 중심

해설 **관능검사기준(냉동품 – 어·패류)**

항 목	합 격
형 태	고유의 형태를 가지고 손상과 변형이 거의 없는 것
색 택	고유의 색택으로 양호한 것
선 별	크기가 대체로 고르고 다른 종류가 혼입되지 아니한 것
선 도	선도가 양호한 것
잡 물	혈액 등의 처리가 잘 되고 그 밖에 협잡물이 없는 것
건조 및 유소	글레이징이 잘되어 건조 및 유소현상이 없는 것 다만, 건조 및 유소를 방지할 수 있도록 포장한 것은 제외한다
온 도	중심온도가 -18℃ 이하인 것 다만, 횟감용 참치류의 중심온도는 -40℃ 이하인 것

19 식품공전 중 수산물에 대한 규격에서 규정하고 있는 세균수 시험방법에 관한 내용이다. 괄호 안에 올바른 내용을 답란에 쓰시오. [2점]

> 냉동상태의 검체를 포장된 그대로 (①) 이하에서 가능한 한 단시간에 녹이고 용기·포장의 표면을 (②) 알코올솜으로 잘 닦은 후 제9. 일반시험법 3. 미생물시험법 3.5.1 일반세균수에 따라 시험한다.

정답 ① 40℃ ② 70%

해설 세균수 시험방법: 냉동상태의 검체를 포장된 그대로 40℃ 이하에서 가능한 한 단시간에 녹이고 용기·포장의 표면을 70% 알코올솜으로 잘 닦은 후 제9. 일반시험법 3. 미생물시험법 3.5.1 일반세균수에 따라 시험한다.

20 수산물·수산가공품 검사기준에 관한 고시에서 규정하고 있는 정밀검사기준에서 건제 김(마른김)의 수분 기준을 쓰시오. (단, 품질보장수단이 병행된 것은 고려하지 않는다.) [2점]

정답 15% 이하

해설 수산물 정밀검사기준(수분)

항 목	기 준	대 상
14. 수분	1% 이하	〈어유·어간유〉 어유·어간유
	5% 이하	〈건제〉 얼구운김·구운김, 어패류(분말), 게EX분(분말)
	7% 이하	〈조미가공품〉 김 (김부각 등 포함)
	12% 이하	〈건제〉 어패류(분쇄)
		〈어분·어비〉 어분·어비, 그 밖의 어분(갑각류 껍질 등)
	15% 이하	〈건제〉 김, 돌김
	16% 이하	〈건제〉 미역류(썰은간미역 제외), 찐톳, 해조분
	18% 이하	〈건제〉 다시마
	20% 이하	〈건제〉 어류(어포 포함), 굴·홍합, 상어지느러미·복어지느러미
		〈조미가공품〉 참치(어육)
	22% 이하	〈건제〉 그 밖에 패류(굴·홍합 제외), 해삼류
		〈한천〉 한천
	23% 이하	〈건제〉 오징어류, 미역(썰은간미역에 한함),
		우무가사리, 그 밖의 건제품
	25% 이하	〈건제〉 새우류, 멸치(세멸 제외), 톳, 도박·진도박·돌가사리 그 밖의
		해조류
		〈조미가공품〉 쥐치포류
	28% 이하	〈조미가공품〉 어패류(얼구운 어류 포함)
		그 밖의 조미가공품(꽃포 포함)
	30% 이하	〈건제〉 멸치(세멸), 뜬·바랜갯풀
		〈조미가공품〉 오징어류(동체·훈제 제외), 백합
	42% 이하	〈조미가공품〉 오징어류(문어·오징어 등)의 동체 또는 훈제
	50% 이하	〈염장품〉 간성게
		〈조미가공품〉 청어(편육)
	60% 이하	〈염장품〉 성게젓
	63% 이하	〈염장품〉 간미역
		〈조미가공품〉 조미성게
	68% 이하	〈염장품〉 간미역(줄기), 멸치액젓
	70% 이하	〈염장품〉 어류젓 혼합액
	※ 건제품·염장품·조미가공품 중 위 기준 이상인 경우 품질보장수단이 병행된 것은 그러하지 아니하다.	

※ 서술형 문제에 대해 답하시오. (21~30번 문제)

21 농수산물품질관리법상 해양수산부장관이 품질인증기관의 지정취소를 반드시 해야 하는 3가지 경우를 서술하시오. [5점]

> **정답** 1. 거짓이나 그 밖의 부정한 방법으로 품질인증기관으로 지정받은 경우
> 2. 업무정지 기간 중 품질인증 업무를 한 경우
> 3. 최근 3년간 2회 이상 업무정지처분을 받은 경우
> 4. 품질인증기관의 폐업이나 해산·부도로 인하여 품질인증 업무를 할 수 없는 경우
> 5. 지정기준에 미치지 못하여 시정을 명하였으나 그 명령을 받은 날부터 1개월 이내에 이행하지 아니한 경우

> **해설** 해양수산부장관은 품질인증기관이 다음 각 호의 어느 하나에 해당하면 그 지정을 취소하거나 6개월 이내의 기간을 정하여 품질인증 업무의 전부 또는 일부의 정지를 명할 수 있다. 다만, 제1호부터 제4호까지 및 제6호 중 어느 하나에 해당하면 품질인증기관의 지정을 취소하여야 한다.
> 1. 거짓이나 그 밖의 부정한 방법으로 품질인증기관으로 지정받은 경우
> 2. 업무정지 기간 중 품질인증 업무를 한 경우
> 3. 최근 3년간 2회 이상 업무정지처분을 받은 경우
> 4. 품질인증기관의 폐업이나 해산·부도로 인하여 품질인증 업무를 할 수 없는 경우
> 5. 제17조제3항 본문에 따른 변경신고를 하지 아니하고 품질인증 업무를 계속한 경우
> 6. 제17조제4항의 지정기준에 미치지 못하여 시정을 명하였으나 그 명령을 받은 날부터 1개월 이내에 이행하지 아니한 경우
> 7. 제17조제4항의 업무범위를 위반하여 품질인증 업무를 한 경우
> 8. 다른 사람에게 자기의 성명이나 상호를 사용하여 품질인증 업무를 하게 하거나 품질인증기관지정서를 빌려준 경우
> 9. 품질인증 업무를 성실하게 수행하지 아니하여 공중에 위해를 끼치거나 품질인증을 위한 조사 결과를 조작한 경우
> 10. 정당한 사유 없이 1년 이상 품질인증 실적이 없는 경우

22 농수산물품질관리법령상 지리적표시 등록을 받은 자가 1차 위반으로 지리적표시 등록취소에 해당하는 위반행위를 모두 서술하시오. (단, 경감사유가 없는 것으로 가정한다.) [5점]

> **정답** ① 지리적표시품 생산계획의 이행이 곤란하다고 인정되는 경우
> ② 등록된 지리적표시품이 아닌 제품에 지리적표시를 한 경우

위반행위	근거 법조문	행정처분 기준		
		1차 위반	2차 위반	3차 위반
1) 법 제32조제3항 및 제7항에 따른 지리적표시품 생산계획의 이행이 곤란하다고 인정되는 경우	법 제40조 제3호	등록취소		
2) 법 제32조제7항에 따라 등록된 지리적표시품이 아닌 제품에 지리적표시를 한 경우	법 제40조 제1호	등록취소		
3) 법 제32조제9항의 지리적표시품이 등록기준에 미치지 못하게 된 경우	법 제40조 제1호	표시정지 3개월	등록취소	
4) 법 제34조제3항을 위반하여 의무표시사항이 누락된 경우	법 제40조 제2호	시정명령	표시정지 1개월	표시정지 3개월
5) 법 제34조제3항을 위반하여 내용물과 다르게 거짓표시나 과장된 표시를 한 경우	법 제40조 제2호	표시정지 1개월	표시정지 3개월	등록취소

23 통조림 제조과정 중 가열공정 이후 냉각공정 시 급속냉각을 하는 3가지 이유를 서술하시오. [5점]

정답 ① 품질변화 방지 ② 캔의 부식 방지 ③ 상온에서 장기보관

해설 정답 외에 아래 3가지도 정답처리 가능
통조림 냉각
㉠ 조직의 연화 및 황화수소(H_2S)가스의 생성 억제
고온살균 후 급속 냉각하지 않으면 고온에 의한 조직의 연화 및 황화수소가스가 발생해 금속과 결합하여 흑변이 발생한다.
㉡ struvite($Mg(NH_4)PO_46H_2O$)의 생성 억제
무독성 유리모양의 결정으로 인체에 무해하나 소비자 거부감을 주는 struvite 성장을 억제한다.
㉢ 호열성 세균의 발육 억제

24 지정해역주변수역에서 가두리 양식어업의 면허를 받은 A씨가 양식장에서 지정해역의 수질 및 서식패류에 직·간접적인 오염영향을 주지 않도록 행하는 3가지 위생관리방법을 서술하시오. [5점]

정답 ① 오염물질을 배출하지 않는다.
② 양식어장 시설에서 가축사육을 하지 아니한다.
③ 동물용 의약품을 사용하는 행위를 하지 아니한다.

제73조(지정해역 및 주변해역에서의 제한 또는 금지)

① 누구든지 지정해역 및 지정해역으로부터 1킬로미터 이내에 있는 해역(이하 "주변해역"이라 한다)에서 다음 각 호의 어느 하나에 해당하는 행위를 하여서는 아니 된다.
  1. 「해양환경관리법」 제22조제1항제1호부터 제3호까지 및 같은 조 제2항에도 불구하고 같은 법 제2조 제11호에 따른 오염물질을 배출하는 행위
  2. 「수산업법」 제8조제1항제4호에 따른 어류등양식어업(이하 "양식어업"이라 한다)을 하기 위하여 설치한 양식어장의 시설(이하 "양식시설"이라 한다)에서 「해양환경관리법」 제2조제11호에 따른 오염 물질을 배출하는 행위
  3. 양식어업을 하기 위하여 설치한 양식시설에서 「가축분뇨의 관리 및 이용에 관한 법률」 제2조제1호 에 따른 가축(개와 고양이를 포함한다. 이하 같다)을 사육(가축을 방치하는 경우를 포함한다. 이하 같다)하는 행위
② 해양수산부장관은 지정해역에서 생산되는 수산물의 오염을 방지하기 위하여 양식어업의 어업권자 (「수산업법」 제19조에 따라 인가를 받아 어업권의 이전·분할 또는 변경을 받은 자와 양식시설의 관 리를 책임지고 있는 자를 포함한다)가 지정해역 및 주변해역 안의 해당 양식시설에서 「약사법」 제85 조에 따른 동물용 의약품을 사용하는 행위를 제한하거나 금지할 수 있다. 다만, 지정해역 및 주변해역 에서 수산물의 질병 또는 전염병이 발생한 경우로서 「수산생물질병 관리법」 제2조제13호에 따른 수산 질병관리사나 「수의사법」 제2조제1호에 따른 수의사의 진료에 따라 동물용 의약품을 사용하는 경우에 는 예외로 한다.

25 마케팅 믹스는 표적시장의 욕구와 선호도를 효과적으로 충족시켜 주기 위하여 기업이 제공하는 마케팅 수단이다. 마케팅 믹스의 4가지 구성요소(4P)에 관하여 설명하시오. [5점]

정답

4P	설 명
제품(Product)	어떤 상품을 선정할 것인가
유통경로(Place)	제품과 소비자가 만나는 지점을 어떻게 설계할 것인가
판매가격(Price)	제품의 가격은 어느 선에서 결정할 것인가(시장 내 경쟁상품과의 가격비교)
판매촉진(Promotion)	소비자의 구매욕구를 자극할 수 있는 판촉전략은 어떻게 진행할 것인가

26 국립수산물품질관리원에서는 양식되고 있는 뱀장어를 대상으로 생산단계 안전성조사를 실시한 결과 말라카이트그린이 검출(검출치 0.1mg/kg)되었다. 이때 조사기관장이 생산자 및 관할 관계기관장에게 통보해야 할 조치내용을 쓰고, 그 이유를 서술하시오. [5점]

정답 ① 해당 농수산물의 유해물질이 시간이 지남에 따라 분해·소실되어 일정 기간이 지난 후에 식용으로 사용하는 데 문제가 없다고 판단되는 경우: 해당 유해물질이 「식품위생법」 등에 따른 잔류허용기준 이하로 감소하는 기간까지 출하 연기
② 해당 농수산물의 유해물질의 분해·소실 기간이 길어 국내에 식용으로 출하할 수 없으나, 사료·공업 용 원료 및 수출용 등 다른 용도로 사용할 수 있다고 판단되는 경우: 다른 용도로 전환
③ 제1호 또는 제2호에 따른 방법으로 처리할 수 없는 농수산물의 경우: 일정한 기간을 정하여 폐기

해설 제63조(안전성조사 결과에 따른 조치)

① 식품의약품안전처장이나 시·도지사는 생산과정에 있는 농수산물 또는 농수산물의 생산을 위하여 이용·사용하는 농지·어장·용수·자재 등에 대하여 안전성조사를 한 결과 생산단계 안전기준을 위반한 경우에는 해당 농수산물을 생산한 자 또는 소유한 자에게 다음 각 호의 조치를 하게 할 수 있다.
  1. 해당 농수산물의 폐기, 용도 전환, 출하 연기 등의 처리
  2. 해당 농수산물의 생산에 이용·사용한 농지·어장·용수·자재 등의 개량 또는 이용·사용의 금지
  3. 그 밖에 총리령으로 정하는 조치

② 식품의약품안전처장이나 시·도지사는 유통 또는 판매 중인 농산물 및 저장 중이거나 출하되어 거래되기 전의 수산물에 대하여 안전성조사를 한 결과 「식품위생법」 등에 따른 유해물질의 잔류허용기준 등을 위반한 사실이 확인될 경우 해당 행정기관에 그 사실을 알려 적절한 조치를 할 수 있도록 하여야 한다.

27 A수산물 공장이 국립수산물품질관리원에 검사를 신청한 고등어는 무포장 제품(단위 중량이 일정하지 않은 것)이며, 신청 로트(Lot)의 크기는 7톤이었다. 국립수산물품질관리원의 검사관은 A수산물 공장의 고등어를 농수산물품질관리법령상 수산물 및 수산가공품에 대한 검사의 종류 및 방법에서 정한 표본추출방법에 따라 관능검사를 실시하려고 한다. 이때 검사 시료는 몇 마리를 채점해야 하는지를 보고, 그 이유에 관하여 서술하시오. [5점]

정답 5마리를 채점, 신청 로트 5톤 이상 10톤 미만의 경우 관능검사 채점지점은 5마리이다.

해설 무포장 제품(단위 중량이 일정하지 않은 것)

신청 로트의 크기		관능검사 채점지점(마리)
	1톤 미만	2
1톤 이상	3톤 미만	3
3톤 이상	5톤 미만	4
5톤 이상	10톤 미만	5
10톤 이상	20톤 미만	6
20톤 이상		7

28 수산물 가공업체에 근무하고 있는 수산물품질관리사가 마른멸치(중멸) 제품을 관능검사한 결과이다. 수산물·수산가공품 검사기준에 관한 고시에서 규정한 관능검사기준에 따라 이 제품에 대한 판정등급을 쓰고, 항목별로 그 판정이유를 서술하시오. (단, 협잡물은 제외하고 다른 조건은 고려하지 않는다.) [5점]

항 목	검사 결과
형 태	중멸: 51mm~55mm, 다른 크기의 혼입 또는 머리가 없는 것이 5%
색 택	자숙이 적당하여 고유의 색택이 양호하고 기름핀 정도가 적음
향 미	고유의 향미가 양호함
선 별	이종품의 혼입이 거의 없음

• 판정등급: 3등
• 판정이유: 형태(3등), 색택(2등), 향미(2등), 선별(3등)로 종합판정은 3등급이다.

항 목	1등	2등	3등
형 태	• 대멸: 77mm 이상 • 중멸: 51mm 이상 • 소멸: 31mm 이상 • 자멸: 16mm 이상 • 세멸: 16mm 미만으로서 다른 크기의 혼입 또는 머리가 없는 것이 1% 이내인 것	• 대멸: 77mm 이상 • 중멸: 51mm 이상 • 소멸: 31mm 이상 • 자멸: 16mm 이상 • 세멸: 16mm 미만으로서 다른 크기의 혼입 또는 머리가 없는 것이 3% 이내인 것	• 대멸: 77mm 이상 • 중멸: 51mm 이상 • 소멸: 31mm 이상 • 자멸: 16mm 이상 • 세멸: 16mm 미만으로서 다른 크기의 혼입 또는 머리가 없는 것이 5% 이내인 것
색 택	자숙이 적당하여 고유의 색택이 우량하고 기름이 피지 아니한 것	자숙이 적당하여 고유의 색택이 양호하고 기름핀 정도가 적은 것	자숙이 적당하여 고유의 색택이 보통이고 기름이 약간 핀 것
향 미	고유의 향미가 우량한 것	고유의 향미가 양호한 것	고유의 향미가 보통인 것
선 별	이종품의 혼입이 없는 것	이종품의 혼입이 없는 것	이종품의 혼입이 거의 없는 것
협잡물	토사 및 그 밖에 협잡물이 없는 것		

29 수산물·수산가공품 검사기준에 관한 고시에서 규정하고 있는 관능검사기준 중 활어·패류의 외관, 활력도, 선별의 합격기준에 관하여 서술하시오. [5점]

항 목	합격기준
외 관	손상과 변형이 없는 형태로서 병·충해가 없는 것
활력도	살아 있고 활력도가 양호한 것
선 별	대체로 고르고 이종품의 혼입이 없는 것

30 식품공전 중 수산물에 대한 규격에서 규정하고 있는 냉동식용어류내장의 정의와 생식용 굴의 정의에 관하여 서술하시오. [5점]

1. 냉동식용어류내장: 식용가능한 어류의 알(복어알 제외), 창난, 이리, 오징어 나포선 등을 분리하여 중심부온도가 -18℃ 이하가 되도록 급속냉동한 것으로서 식용에 적합하게 처리된 것
2. 생식용 굴: 소비자가 날로 섭취할 수 있는 전각굴, 반각굴, 탈각굴로서 포장한 것(냉동굴 포함)

수산물품질관리사 2차 기출문제집

2023. 3. 22. 초 판 1쇄 인쇄
2023. 3. 29. 초 판 1쇄 발행

저자와의
협의하에
검인생략

지은이 | 김봉호
펴낸이 | 이종춘
펴낸곳 | BM (주)도서출판 성안당

주소 | 04032 서울시 마포구 양화로 127 첨단빌딩 3층(출판기획 R&D 센터)
     | 10881 경기도 파주시 문발로 112 파주 출판 문화도시(제작 및 물류)
전화 | 02) 3142-0036
     | 031) 950-6300
팩스 | 031) 955-0510
등록 | 1973. 2. 1. 제406-2005-000046호
출판사 홈페이지 | **www.cyber.co.kr**
ISBN | 978-89-315-5979-8 (13520)
정가 | 19,800원

이 책을 만든 사람들
책임 | 최옥현
진행 | 최동진
교정 · 교열 | 최동진
전산편집 | 민혜조
표지 디자인 | 임흥순
홍보 | 김계향, 유미나, 이준영, 정단비
국제부 | 이선민, 조혜란
마케팅 | 구본철, 차정욱, 오영일, 나진호, 강호묵
마케팅 지원 | 장상범
제작 | 김유석

www.cyber.co.kr
성안당 Web 사이트